AF730976

Sammlung Außerdeutscher Strafgesetzbücher in deutscher Übersetzung

Herausgegeben von
Professor Dr. Hans-Heinrich Jescheck,
Direktor des Instituts für ausländisches und internationales Strafrecht
an der Universität Freiburg i. Br.
und Professor Dr. Gerhard Kielwein, Saarbrücken

LXXXIV.

Das Dänische Strafgesetzbuch

Borgerlig Straffelov

Berlin 1964

Walter de Gruyter & Co.

vormals G. J. Göschen'sche Verlagshandlung · J. Guttentag, Verlagsbuchhandlung · Georg Reimer · Karl J. Trübner · Veit & Comp.

Das
Dänische Strafgesetzbuch

vom 15. April 1930

in der Fassung der Bekanntmachung
vom 1. Juli 1963

Übersetzt, eingeleitet und mit Anmerkungen versehen von

Senatspräsident a. D.
Dr. jur. Franz Marcus
Kopenhagen

Berlin 1964

Walter de Gruyter & Co.

vormals G. J. Göschen'sche Verlagshandlung · J. Guttentag, Verlagsbuchhandlung · Georg Reimer · Karl J. Trübner · Veit & Comp.

Gedruckt mit Unterstützung der Gesellschaft für Rechtsvergleichung

Archiv-Nr. 2463644
Satz und Druck: Thormann & Goetsch · Berlin 44
Alle Rechte, einschließlich des Rechts der Herstellung von Photokopien und Mikrofilmen, vorbehalten

INHALT

Allgemeiner Teil

Besonderer Teil

VORBEMERKUNG ZUR AUSGABE 1953

Das dänische Strafgesetzbuch vom 15. April 1930, in Kraft seit dem 1. Januar 1933, ist in den 20 Jahren seines Bestehens mehrfach eingreifend geändert worden — eine Entwicklung, die noch nicht abgeschlossen ist. Die wichtigsten Änderungsgesetze sind: das Schwangerschaftsgesetz (Nr. 163) vom 18. Mai 1937, durch das u. a. die Vorschriften über die Abtreibung unter Aufhebung des § 242 (Gesetz Nr. 161 vom gleichen Tage) auf eine neue Grundlage gestellt wurden; das Gesetz Nr. 87 vom 15. März 1939, durch das das sog. „Tagesbußensystem" (§ 51) eingeführt und zahlreiche Änderungen und Neuerungen, namentlich im Besonderen Teil und hier vor allem auf dem Gebiete des Schutzes des Einzelnen gegen Friedensstörungen und Ehrenkränkungen (Kapitel 27) vorgenommen wurden; das Gesetz Nr. 88 vom gleichen Tage, durch das u. a. der § 78 über den Verlust der bürgerlichen Ehrenrechte aufgehoben und durch Bestimmungen in einer Reihe von Nebengesetzen ersetzt wurde; das Gesetz Nr. 286 vom 18. Juni 1951, durch das die Materie in den §§ 78 und 79 abermals neu geregelt wurde; und schließlich das Gesetz Nr. 225 vom 7. Juni 1952, durch das die Staatsschutzbestimmungen der Kapitel 12 und 13 völlig umgestaltet und im Zusammenhang damit einige Änderungen in den Kapiteln 14 und 15 vorgenommen wurden. Während der Text des Strafgesetzbuchs nach Erlaß der Gesetze von 1937 und 1939 durch die justizministerielle Bekanntmachung Nr. 215 vom 24. Juni 1939 neu veröffentlicht wurde, hat der Justizminister von der ihm erteilten Ermächtigung, das Strafgesetzbuch in seiner jetzigen Fassung neu zu veröffentlichen, bisher keinen Gebrauch gemacht, da weitere Änderungen, u. a. eine Umgestaltung des 7. Kapitels über bedingte Strafurteile, geplant sind.

Die nachfolgende Übersetzung bringt den zur Zeit geltenden Text, wobei die nach 1939 eingetretenen Änderungen kennntlich gemacht sind.

Herrn Dr. jur. Heinrich Hess in Kopenhagen habe ich für manchen wertvollen Ratschlag bei der Abfassung der Übersetzung zu danken.

Kopenhagen, im April 1953.

Dr. Franz Marcus

VORBEMERKUNG ZUR AUSGABE 1964

Die neue Ausgabe ist durch eine große Zahl weiterer Änderungen des Strafgesetzbuchs erforderlich geworden. Zunächst schuf das Gesetz vom 17. Mai 1956 (Nr. 120) durch eine Erweiterung des § 38 die Möglichkeit, die bedingte Entlassung aus dem Gefängnis schon nach verhältnismäßig kurzer Zeit anzuordnen; bei der Aburteilung neuer Straftaten nach bedingter Entlassung aus dem Jugendgefängnis, dem Arbeitshaus oder der Sicherungsverwahrung konnte das Gericht sich auf die Entscheidung über die Schuldfrage beschränken, wenn die Tat zur administrativen Wiederaufnahme in die Anstalt führte (jetzt § 43 Abs. 2, vgl. §§ 63 Abs. 2, 66 Abs. 1); bei der bedingten Entlassung aus dem Arbeitshaus wurde ferner die obere Grenze für die Probezeit von einem auf drei Jahre erhöht (§ 63 Abs. 2), während die Mindestfrist für die wiederholte Unterbringung in der Sicherungsverwahrung von acht auf vier Jahre herabgesetzt wurde (§ 66 Abs. 1); endlich wurde der § 289, der unter Umständen eine polizeiliche Meldepflicht bei Bereicherungsdelikten im Rückfall vorsah, aufgehoben. Das Gesetz vom 31. März 1960 (Nr. 138) bestimmte dann im Zusammenhang mit dem am 3. Februar 1960 zwischen den nordischen Staaten geschlossenen Auslieferungsvertrag, daß außerhalb Dänemarks begangene Straftaten unter den im § 7 genannten Voraussetzungen auch dann strafbar sind, wenn der Täter in einem der nordischen Staaten staatsangehörig ist oder dort seinen Wohnsitz hat und sich in Dänemark aufhält; das Gesetz ersetzte ferner die Vorschrift des bisherigen § 56 Abs. 2 über Personenuntersuchungen durch einen neuen Abschnitt des Rechtspflegegesetzes[1]) (Kap. 73 a, §§ 800 a bis 800 c), der Personenuntersuchungen in weiterem Maße als bisher vorschreibt, und erweiterte die Vorschriften des § 86 über die Anrechnung von Untersuchungshaft. Die wesentlichsten Änderungen des bisherigen Textes des Strafgesetzbuchs brachte dann das Gesetz vom 31. Mai 1961 (Nr. 163) in Kraft seit dem 1. Juli 1961. Hier findet sich die lange geplante Umgestaltung des 7. Kapitels (§§ 56—61) über die bedingte Verurteilung, bei der nun u. a. die Aussetzung des Strafausspruchs möglich ist und eine Reihe kasuistischer Vorschriften geschmeidiger gestaltet worden sind. Auch die Bestimmungen über die Verurteilung zu Jugendgefängnis (§§ 41—43) sind in wesentlichen

---

[1]) Das Rechtspflegegesetz vom 11. April 1916 (Nr. 90) in der Fassung der Bekanntmachung vom 1. Juli 1963 (Nr. 286) enthält die Vorschriften über die Gerichtsverfassung, den Zivilprozeß, den Strafprozeß usw.

Punkten geändert worden und betreffen jetzt unter Umständen auch Jugendliche zwischen 21 und 23 Jahren. Das Anwendungsgebiet der Geldstrafe ist erweitert worden (§§ 50 Abs. 2, 58 Abs. 2, 91 Abs. 2), die Mindestfrist für die wiederholte Unterbringung im Arbeitshaus wurde von drei Jahren auf ein Jahr herabgesetzt (§ 63 Abs. 1), die Vorschriften über die Festsetzung der Strafe sind durch Beseitigung der Strafschärfung für gewerbs- oder gewohnheitsmäßig begangene Taten (bisher § 82) und auch in einigen anderen Punkten (§§ 89 ff.) geändert worden, eine Reihe von Mindeststrafen ist beseitigt worden (§§ 123, 158, 210), die Vorschriften über Kuppelei (§ 228), Zuhälterei (§ 229), gleichgeschlechtliche Unzucht (§ 225 Abs. 2) und ärgerniserregende Handlungen (§ 233) sowie über Gebrauchsdiebstahl (§ 293) sind verschärft worden. Die Aufhebung des 5. Kapitels (§§ 25—30) über die Verfolgung steht im Zusammenhang mit einer Änderung des Rechtspflegegesetzes, das jetzt alle Vorschriften über die Verfolgung enthält, z. T. in abgeänderter Fassung (Kap. 65, §§ 718—728); nur der bisherige § 29 über die Verjährung der Privatklage und des Strafantrags erscheint als § 96 wieder, während die Vorschriften des bisherigen § 96 über die Strafvollstreckungsverjährung in einem neuen § 97 untergebracht sind. Von bedeutenderen neuen Gesetzen außerhalb des Strafgesetzbuchs sind das Kriminalgesetzbuch für Grönland vom 5. März 1954 (Nr. 68 dieser Sammlung), geändert durch Gesetz vom 27. März 1963 (Nr. 105) und neu bekanntgemacht am 2. Juli 1963 (Nr.288), und das Schwangerschaftsgesetz vom 23. Juni 1956 (Nr. 177) zu nennen.

Eine systematische Darstellung des dänischen Strafrechts aus der Feder des Referenten findet sich bei Mezger-Schönke-Jescheck, Das ausländische Strafrecht der Gegenwart I, S. 67 ff., sowie in den Abhandlungen ZStW 67 323 ff., 69, 339 ff und 74, 359 ff.

Die nachfolgende Übersetzung gibt den Text des Strafgesetzbuchs so wieder, wie er in der Bekanntmachung des Justizministeriums vom 1. Juli 1963 (Nr. 284) enthalten ist. Die Vorschriften, die seit dem Erscheinen der im Jahre 1953 erschienenen Übersetzung (Heft 62 dieser Reihe) geändert worden sind, sind durch einen Stern gekennzeichnet. den Anordnungen und Reglements zulässig ist.

Kopenhagen, im Oktober 1963

Dr. Franz Marcus

BÜRGERLICHES STRAFGESETZBUCH

Allgemeiner Teil

1. Kapitel

Einleitende Bestimmungen

§ 1

Eine Strafe kann nur für ein Verhalten verhängt werden, dessen Strafbarkeit gesetzlich bestimmt ist oder das einem solchen ganz gleichzustellen ist. Entsprechendes gilt für die in den Kapiteln 8 und 9 genannten Rechtsfolgen.

§ 2

Die Kapitel 1—11 dieses Gesetzes finden, soweit nichts anderes bestimmt ist, auf alle bürgerlichen[1]) Straftaten Anwendung.

2. Kapitel

Allgemeine Bedingungen für die Anwendung strafrechtlicher Bestimmungen

§ 3

Sind die zur Zeit der Aburteilung einer Handlung geltenden Strafgesetze verschieden von denen, die zur Zeit der Begehung der Handlung galten, so entscheiden sich Strafbarkeit und Strafe nach dem späteren Gesetz, jedoch mit der Maßgabe, daß die Entscheidung dadurch nicht strenger als nach dem früheren Gesetz werden darf. Beruht das Außerkrafttreten des Gesetzes auf äußeren, die Strafschuld nicht berührenden Umständen, so ist die Handlung nach dem früheren Gesetz zu beurteilen.

Abs. 2. Fällt abgesehen von dem letzteren Fall die Strafbarkeit einer Handlung durch Gesetz fort, so fällt auch die für eine solche Handlung verhängte, aber nicht vollzogene Strafe fort. Der Verurteilte kann verlangen, daß die Frage des Fortfalls der Strafe durch die Anklagebehörde bei dem Gericht eingebracht wird, das die Sache in 1. Instanz abgeurteilt hat. Die Entscheidung ergeht durch Beschluß.

§ 4

* Inwieweit die strafbare Handlung Rechtsfolgen der in den §§ 56—61,

---

[1]) Im Gegensatz zu den militärischen.

70—77 und 79 genannten Art nach sich zieht, entscheidet sich nach den zur Zeit der Aburteilung der Handlung geltenden Gesetzen.

Abs. 2. Andere Rechtsfolgen der Handlung treten, soweit nichts Gegenteiliges bestimmt ist, nur ein, wenn dies auch in den zur Zeit der Begehung der Handlung geltenden Gesetzen vorgesehen war.

Abs. 3. Die Vorschrift des § 3 Abs. 2 findet auf andere Rechtsfolgen der Handlung als Strafe entsprechende Anwendung, wenn deren Eintritt von der Strafbarkeit der Handlung abhängig war.

§ 5

Wo bei Rückfall[2]) Strafschärfung oder andere Rechtsfolgen vorgesehen sind, kommen Entscheidungen, die nach früherem Recht ergangen sind, nach ihrem Inhalt in gleicher Weise in Betracht wie Entscheidungen nach dem Gesetz, auf Grund dessen die spätere Handlung zu beurteilen ist.

§ 6

Unter die dänische Strafgewalt fallen Handlungen, die begangen werden

1. im dänischen Staat,
2. auf einem dänischen Fahrzeug[3]), das sich außerhalb des völkerrechtlich anerkannten Gebiets eines Staates befindet,
3. auf einem dänischen Fahrzeug, das sich auf völkerrechtlich anerkanntem ausländischen Gebiet befindet, von Personen, die zur Besatzung des Fahrzeugs oder zu seinen Passagieren gehören.

Abs. 2. Der Justizminister bestimmt, in welchem Umfang Handlungen zu verfolgen sind, die auf dänischem Gebiet an Bord eines ausländischen Fahrzeugs von und[4]) gegenüber einem Mitglied der Besatzung oder einem Passagier begangen werden.

§ 7

Unter die dänische Strafgewalt fallen ferner Handlungen, die ein dänischer Staatsangehöriger oder jemand, der seinen Wohnsitz im dänischen Staat hat, im Ausland begangen hat,

1. falls die Handlung außerhalb des völkerrechtlich anerkannten Gebiets eines Staates begangen ist, wenn Handlungen dieser Art höhere Strafe als Haft nach sich ziehen können,
2. falls die Handlung innerhalb eines solchen Gebiets begangen ist, wenn sie auch nach den dort geltenden Gesetzen strafbar ist.

* Abs. 2. Die Vorschriften des Abs. 1 finden entsprechende Anwen-

---

[2]) S. d. Anmerkung zu § 81.

[3]) Schiff oder Flugzeug.

[4]) Kumulativ.

dung auf Handlungen, die jemand begangen hat, der die Staatsangehörigkeit in Finnland, Island, Norwegen oder Schweden besitzt oder dort seinen Wohnsitz hat, und der sich im Inland aufhält.

§ 8

Unter die dänische Strafgewalt fallen ferner im Ausland begangene Handlungen ohne Rücksicht auf die Staatsangehörigkeit des Täters,

1. wenn die Handlung sich gegen die Selbständigkeit, die Sicherheit, die Verfassung oder öffentliche Behörden des dänischen Staates richtet oder eine Amtspflicht gegen den Staat oder solche Interessen verletzt, deren Rechtsschutz im dänischen Staat ein besonderes Zugehörigkeitsverhältnis zu diesem voraussetzt,
2. wenn die Handlung eine Verpflichtung, deren Beobachtung im Ausland dem Täter kraft Gesetzes obliegt, oder eine ihm gegenüber einem dänischen Fahrzeug obliegende Amtspflicht verletzt,
3. wenn eine außerhalb des völkerrechtlich anerkannten Gebiets eines Staates begangene Handlung sich gegen einen dänischen Staatsangehörigen oder gegen jemanden richtet, der seinen Wohnsitz im dänischen Staat hat, und Handlungen dieser Art höhere Strafe als Haft nach sich ziehen können.

Abs. 2. In den Fällen der Ziffer 3 entscheidet der Reichsanwalt, ob die Tat verfolgt werden soll.

§ 9

In den Fällen, in denen die Strafbarkeit einer Handlung davon abhängt oder davon beeinflußt wird, daß ein Erfolg eintritt oder beabsichtigt ist, gilt die Handlung zugleich als an dem Ort begangen, an dem der Erfolg eingetreten ist oder eintreten sollte.

§ 10

Findet auf Grund der vorstehenden Bestimmungen eine Verfolgung im Inland statt, so ist sowohl über die Strafe wie über andere Rechtsfolgen der Handlung nach den dänischen Gesetzen zu entscheiden.

Abs. 2. In den Fällen des § 7 kann aber, wenn die Handlung auf völkerrechtlich anerkanntem ausländischen Gebiet begangen ist, auf keine strengere Strafe erkannt werden, als nach den Gesetzen des Tatorts vorgesehen ist.

Abs. 3. In den Fällen des § 7 ist die Verfolgung im Inland unzulässig, wenn der Täter in dem Staat, in dem die Handlung begangen ist, rechtskräftig freigesprochen ist oder wenn die dort erkannte Strafe vollzogen oder nach den dortigen Gesetzen fortgefallen ist.

Abs. 4. Hat abgesehen hiervon ein im Inland wegen einer Handlung Abzuurteilender bereits anderswo eine Strafe dafür verbüßt, so ist dies in der Weise zu berücksichtigen, daß die Strafe entsprechend herabgesetzt wird oder ganz fortfällt.

§ 11

Ist ein dänischer Staatsangehöriger oder jemand, der seinen Wohnsitz im dänischen Staat hat, in einem ausländischen Staat wegen einer Handlung bestraft worden, die nach dänischem Recht die Aberkennung oder den Verlust des Berufs oder Gewerbes oder eines anderen Rechts nach sich ziehen kann, so kann die Aberkennung in einem vom Reichsanwalt angeordneten öffentlichen Verfahren erfolgen.

§ 12

Die Vorschriften der §§ 6—8 finden keine Anwendung, soweit ihnen völkerrechtlich anerkannte Ausnahmen entgegenstehen.

3. Kapitel

Bedingungen der Strafbarkeit

§ 13

In Notwehr begangene Handlungen sind straflos, soweit sie notwendig waren, um einem begonnenen oder unmittelbar drohenden unrechtmäßigen Angriff Widerstand zu leisten oder ihn abzuwehren und nicht offenbar über das Maß hinausgehen, das mit Rücksicht auf die Gefährlichkeit des Angriffs, die Person des Angreifers und die Bedeutung des angegriffenen Rechtsguts zu verantworten ist.

Abs. 2. Wer die Grenzen rechtmäßiger Notwehr überschreitet, bleibt straflos, wenn die Überschreitung durch Schrecken oder Aufregung, hervorgerufen durch den Angriff, ausreichend gerechtfertigt ist.

Abs. 3. Entsprechendes gilt für Handlungen, die notwendig sind, um gesetzmäßigen Anordnungen auf rechtmäßige Weise Gehör zu verschaffen, eine gesetzmäßige Festnahme vorzunehmen oder das Entweichen eines Gefangenen oder zwangsweise Untergebrachten zu verhindern.

§ 14

Eine an sich strafbare Handlung wird nicht bestraft, wenn sie zur Abwehr drohenden Schadens an Personen oder Sachen notwendig war und die Gesetzesverletzung von verhältnismäßig untergeordneter Bedeutung erscheint.

§ 15

Handlungen von Kindern unter 15 Jahren werden nicht bestraft.

§ 16

Straflos sind Handlungen von Personen, die wegen Geisteskrankheit oder eines damit gleichzustellenden Zustandes oder wegen hochgradigen Schwachsinns unzurechnungsfähig sind.

§ 17

Befand sich der Täter bei Begehung der strafbaren Handlung in einem auf unzureichender Entwicklung, Schwächung oder Störung seiner psychischen[5]) Fähigkeiten, einschließlich geschlechtlicher Anomalien, beruhenden, nicht nur vorübergehenden Zustand, der jedoch nicht von der im § 16 beschriebenen Art ist, so entscheidet das Gericht nach Einholung eines ärztlichen Gutachtens und unter Berücksichtigung aller sonst vorliegenden Umstände, ob er der Einwirkung durch Strafe zugänglich erscheint.

* Abs. 2. Hält das Gericht den Angeklagten der Einwirkung durch Strafe für zugänglich, so kann es anordnen, daß eine Freiheitsstrafe in einer für solche Personen eingerichteten Anstalt[6]) oder Anstaltsabteilung zu verbüßen ist. Diese Anordnung kann vom Gefängnisausschuß[7]) geändert werden, wenn es während der Strafverbüßung zweckmäßig erscheint.

* Abs. 3. Ist jemand, der infolge des Urteils unter die Vorschrift des Abs. 1 fällt, zu einer Freiheitsstrafe verurteilt worden, und ergibt sich während der Strafverbüßung, daß eine Fortsetzung nutzlos sein oder die Gefahr einer ernstlichen Verschlechterung des Zustandes des Verurteilten mit sich bringen würde, so ist die Sache auf Anordnung des Justizministers erneut bei dem Gericht einzubringen, das sie in letzter Instanz abgeurteilt hat. Dieses entscheidet durch Beschluß, ob der Strafvollzug fortzusetzen oder abzubrechen ist.

§ 18

Trunkenheit schließt die Verhängung von Strafe nicht aus, es sei denn, daß der Täter ohne Bewußtsein gehandelt hat.

§ 19

Fahrlässigkeit wird bei den in diesem Gesetz behandelten Straftaten nur bestraft, wenn dies ausdrücklich bestimmt ist. Auf andere Straftaten finden die betreffenden Strafnormen auch dann Anwen-

---

[5]) Wörtlich: seelischen.

[6]) Früher „Psychopathengefängnis", seit 1960 „Sondergefängnis" genannt — im Gegensatz zur „Verwahrung nach § 70" (früher „Psychopathenverwahrung" genannt).

[7]) Ein durch § 12 des Einführungsgesetzes geschaffener Ausschuß, der aus einem Richter als Vorsitzenden, dem Direktor des Gefängniswesens, einem Psychiater und einer oder mehreren Personen aus der Fürsorge- und sozialen Arbeit besteht. Vgl. §§ 37, 41 ff., 63, 66.

dung, wenn die Tat aus Fahrlässigkeit begangen ist, es sei denn, daß das Gegenteil ausdrücklich bestimmt ist.

§ 20

Ist eine Strafe oder Strafschärfung davon abhängig, daß eine vorsätzliche Straftat einen bestimmten nichtvorsätzlichen Erfolg hat, so tritt diese Strafe nur ein, wenn ein solcher Erfolg dem Täter als fahrlässig zugerechnet werden kann oder wenn er es unterlassen hat, ihn nach Kräften abzuwenden, nachdem er auf die Gefahr aufmerksam geworden war.

4. Kapitel

Versuch und Teilnahme

§ 21

Handlungen, die darauf abzielen, die Ausführung einer Straftat zu fördern oder herbeizuführen, werden, wenn diese nicht vollendet wird, als Versuch bestraft.

Abs. 2. Die für die Straftat vorgesehene Strafe kann bei Versuch gemildert werden, namentlich wenn der Versuch von geringer Stärke oder Festigkeit des verbrecherischen Vorsatzes zeugt.

Abs. 3. Soweit nichts anderes bestimmt ist, wird der Versuch nur bestraft, wenn für die Straftat höhere Strafe als Haft vorgesehen ist.

§ 22

Der Versuch wird nicht bestraft, wenn der Täter freiwillig und nicht infolge zufälliger Hindernisse, die sich der Ausführung der Tat oder der Erreichung des mit ihr beabsichtigten Zweckes entgegenstellen, die Ausführung aufgibt oder die Vollendung verhindert oder Handlungen vornimmt, die die Vollendung verhindert haben würden, wenn diese nicht ohne sein Wissen mißglückt oder auf andere Weise abgewendet worden wäre.

§ 23

Die für eine Straftat geltende Strafnorm findet auf alle Anwendung, die durch Anreizung, Rat oder Tat daran teilgenommen haben[8]). Die Strafe kann für denjenigen gemildert werden, der nur einen weniger wesentlichen Beistand leisten oder einen bereits gefaßten Entschluß bestärken wollte, sowie wenn die Straftat nicht vollendet oder eine beabsichtigte Teilnahme mißglückt ist.

Abs. 2. Die Strafe kann auch für denjenigen gemildert werden, der an der Verletzung eines besonderen Pflichtverhältnisses teilnimmt, dem er selbst nicht untersteht.

---

[8]) Wörtlich: dabei mitgewirkt haben.

Abs. 3. Soweit nichts anderes bestimmt ist, kann die Strafe für Teilnahme an Straftaten, die nicht mit höherer Strafe als Haft bestraft werden, fortfallen, wenn der Teilnehmer nur einen weniger wesentlichen Beistand leisten oder einen bereits gefaßten Entschluß bestärken wollte, sowie wenn seine Teilnahme auf Fahrlässigkeit beruht.

§ 24

Der Teilnehmer wird nicht bestraft, wenn er unter den Voraussetzungen des § 22 die Vollendung verhindert oder Handlungen vornimmt, die die Vollendung verhindert haben würden, wenn diese nicht ohne sein Wissen mißglückt oder auf andere Weise abgewendet worden wäre.

5. Kapitel[9])

6. Kapitel
Strafen

§ 31

Die gewöhnlichen Strafen[10]) sind Gefängnis, Haft und Geldstrafe.

§ 32

Wird auf eine Freiheitsstrafe von weniger als 3 Monaten erkannt, so ist sie nach Tagen zu bemessen, anderenfalls nach Monaten und Jahren.

§ 33

Gefängnis wird lebenslänglich oder auf Zeit verhängt, nicht unter 30 Tagen und nicht über 16 Jahre.

§ 34

Durch königl. Anordnung wird bestimmt, in welchem Umfang Gefängnis in Einzelhaft oder in Gemeinschaftshaft zu vollziehen ist, jedoch sind kürzere Gefängnisstrafen in der Regel in Einzelhaft, längere Gefängnisstrafen in Gemeinschaftshaft zu vollziehen.

Abs. 2. Auch wenn die Strafe im übrigen in Gemeinschaftshaft vollzogen wird, kann der Gefangene doch am Anfang und am Ende der Strafzeit in Einzelhaft gehalten werden.

Abs. 3. Wird die Strafe in Einzelhaft vollzogen, so ist der Gefangene sowohl bei Tage wie bei Nacht abgesondert zu halten. Beim Gottes-

---

[9]) Das 5. Kapitel (§§ 25—30, Verfolgung) ist aufgehoben worden — s. d. Vorbemerkung

[10]) Über die Todesstrafe s. d. Anm. zum 12. Kap.

dienst, beim Unterricht, bei Vorträgen, Leibesübungen und während des Hofganges kann aber von der Absonderung insoweit abgesehen werden, als dies wegen des Alters oder des Gesundheitszustandes des Gefangenen oder aus anderen Gründen wünschenswert erscheint. Ferner kann bei einzelnen Gefangenen auch sonst von der Absonderung abgesehen werden, wo dies erforderlich erscheint.

Abs. 4. Wird die Strafe in Gemeinschaft vollzogen, so ist der Gefangene doch, außer bei Aufenthalt außerhalb des Anstaltsgebiets, nachts abgesondert zu halten, soweit sein Gesundheitszustand nicht dagegen spricht, und er kann ferner während des Gottesdienstes, des Unterrichts, der Vorbereitung darauf und des Hofganges sowie während der Freizeit und der Mahlzeiten abgesondert gehalten werden.

§ 35

Die Gefangenen sind verpflichtet, die Arbeiten auszuführen, die ihnen in Übereinstimmung mit der darüber zu erlassenden königl. Anordnung auferlegt werden. Durch diese werden zugleich die näheren Bestimmungen über den Arbeitsverdienst der Gefangenen getroffen. Der Arbeitsverdienst kann zum Ersatz von Schäden oder Auslagen verwendet werden, für die der Gefangene während des Gefängnisaufenthalts verantwortlich wird.

Abs. 2. Arbeit im Freien außerhalb des Anstaltsgebiets kann unter Leitung und Aufsicht der Anstalt vor sich gehen.

§ 36

Die Gefangenen sind nach einem vom Justizminister zu erlassenden Reglement zu verpflegen. Sie dürfen sich zur Verpflegung oder zu anderen Zwecken nichts beschaffen oder annehmen, was nicht nach den Anordnungen und Reglements zulässig ist.

§ 37

* Gefangene, die sich wegen psychischer Anomalien als ungeeignet zum Aufenthalt in einem gewöhnlichen Gefängnis erweisen, können auf Vorschlag der Anstaltsleitung durch den Gefängnisausschuß zeitweilig oder für den Rest ihrer Strafzeit in eine der im § 17 Abs. 2 genannten Anstalten oder Anstaltsabteilungen versetzt werden.

Abs. 2. Gefangene, die durch Trunksucht geschwächt sind, können auf Vorschlag der Anstaltsleitung durch den Gefängnisausschuß zeitweilig oder für den Rest ihrer Strafzeit in das Arbeitshaus (§ 64) versetzt werden, wenn auf Grund ihres Zustandes anzunehmen ist, daß die Strafe nicht die beabsichtigte Wirkung auf sie haben wird.

Abs. 3. Gefangene, deren Strafzeit 8 Jahre oder mehr beträgt, können auf Vorschlag der Anstaltsleitung durch den Gefängnisausschuß für den Rest ihrer Strafzeit in die Verwahrungsanstalt (§ 67) versetzt werden, wenn die Hälfte der Strafzeit, mindestens aber 5 Jahre verstrichen sind. Bei lebenslänglich Gefangenen kann eine solche Versetzung nach Ablauf von 16 Jahren stattfinden.

§ 38

Wenn zwei Drittel der Strafzeit, mindestens aber 9 Monate verbüßt sind, entscheidet der Justizminister auf Vorschlag der Anstaltsleitung, ob der Gefangene probeweise zu entlassen ist.

Abs. 2. Die Entlassung ist davon abhängig, daß das Verhalten[11]) des Gefangenen sie nicht unangebracht erscheinen läßt sowie daß eine geeignete Arbeit oder eine andere zweckmäßige Unterbringung und Versorgung für den Entlassenen gesichert ist und er erklärt, sich den mit der Entlassung verbundenen Bedingungen unterwerfen zu wollen.

* Abs. 3. Auf Anordnung des Justizministers kann die probeweise Entlassung früher als im Abs. 1 vorgesehen erfolgen, wenn dies nach den vorliegenden Ermittlungen, einschließlich der Berichte der Anstalt über den Gefangenen, im Einzelfall begründet erscheint. Die probeweise Entlassung kann frühestens erfolgen, wenn der Gefangene die Hälfte der Strafzeit verbüßt hat, mindestens aber 4 Monate.

* Abs. 4. Bei der probeweisen Entlassung ist der Betreffende in der Regel der Schutzaufsicht einer für solche Zwecke arbeitenden Institution oder einer dazu geeigneten und bereiten Person zu unterstellen, und mit der Entlassung ist die Bedingung zu verbinden, daß er ein straffreies und ordentliches Leben führt und die ihm von dem Aufsichtsführenden gegebenen Weisungen befolgt, gleichwie auch weitere Bedingungen hinzugefügt werden können.

§ 39

* Handelt der probeweise Entlassene den festgesetzten Bedingungen zuwider, so entscheidet der Justizminister, ob die Wiederaufnahme erfolgen soll. Findet die Wiederaufnahme statt, so ist der nicht verbüßte Teil der Strafe wie eine neue Strafe zu vollziehen. Muß der Betreffende eine andere Gefängnisstrafe verbüßen, so ist diese mit der Reststrafe zusammenzurechnen.

§ 40

Die Dauer der Probezeit endigt mit dem Ablauf der noch nicht verbüßten Strafzeit, beträgt aber mindestens 2 Jahre.

Abs. 2. Ist beim Ablauf der Probezeit keine Bestimmung über die Wiederaufnahme ergangen, so gilt die Strafe mit diesem Zeitpunkt als verbüßt.

§ 41

* Wenn es zweckmäßig erscheint, kann ein Jugendlicher[12]) zwischen 15 und 21 Jahren anstatt zu einer Gefängnisstrafe zu Jugend-

---

[11]) Der Ausdruck „forhold" umfaßt hier sowohl Verhalten wie Verhältnisse.

[12]) Wörtlich: eine Person.

gefängnis verurteilt werden. Wenn besondere Gründe dafür sprechen, kann ein Jugendlicher[12]) zwischen 21 und 23 Jahren zu Jugendgefängnis verurteilt werden.

* Abs. 2. Beim Vollzug, der in besonderen Anstalten stattfindet, ist Gewicht auf die soziale und charakterliche Entwicklung des Jugendlichen durch Arbeitstraining, Ausbildung und Unterricht zu legen.

* Abs. 3. Wenn ganz besondere Gründe es zweckmäßig erscheinen lassen, kann der Verurteilte zur Behandlung oder Ausbildung außerhalb des Jugendgefängnisses untergebracht werden. Nähere Vorschriften hierüber werden vom Justizminister erlassen.

* Abs. 4. Erweist sich der Verurteilte während des Vollzugs als psychisch so abnorm, daß er ungeeignet zur Behandlung im Jugendgefängnis ist, so kann der Gefängnisausschuß bestimmen, daß er in eine der im § 17 Abs. 2 genannten Anstalten oder Anstaltsabteilungen zu überführen ist. Der Gefängnisausschuß kann die erneute Unterbringung des Verurteilten im Jugendgefängnis anordnen, wenn er dazu geeignet erscheint.

§ 42

* Die Frage der Entlassung aus dem Jugendgefängnis wird vom Gefängnisausschuß auf Vorschlag der Gefängnisleitung entschieden. Falls nicht besondere Umstände dafür sprechen, kann der Verurteilte nicht vor Ablauf eines Jahres seit der Aufnahme entlassen werden. Er kann nicht länger als 3 Jahre im Jugendgefängnis festgehalten werden, vgl. aber § 43 Abs. 1. Nach einjährigem Aufenthalt ist über die Frage der Entlassung zu entscheiden. Erfolgt die Entlassung nicht zu diesem Zeitpunkt, so ist spätestens bei Ablauf des folgenden Jahres erneut über die Frage zu entscheiden.

* Abs. 2. Die Entlassung erfolgt probeweise. Der Gefängnisausschuß setzt die Probezeit auf mindestens 1 Jahr, höchstens 3 Jahre fest. Die Vorschrift des § 38 Abs. 4 findet entsprechende Anwendung.

§ 43

* Handelt der Entlassene den festgesetzten Bedingungen zuwider, so entscheidet der Gefängnisausschuß, ob er wieder aufzunehmen ist. Ein Wiederaufgenommener kann nach Bestimmung des Gefängnisausschusses bis zu einem Jahre über die im § 42 Abs. 1 festgesetzte Höchstzeit im Jugendgefängnis festgehalten werden.

* Abs. 2. Wird gegen den probeweise Entlassenen wegen einer strafbaren Handlung Anklage erhoben, und würde die Verurteilung zur Wiederaufnahme nach Abs. 1 führen, so kann das Gericht über die Schuldfrage entscheiden, ohne eine Strafe oder eine andere Rechtsfolge festzusetzen.

* Abs. 3. Die Vorschrift des § 40 Abs. 2 findet entsprechende Anwendung.

---

[12]) Wörtlich: eine Person.

§ 44

Haft wird, soweit nichts anderes bestimmt ist, für einen Zeitraum von 7 Tagen bis zu 2 Jahren verhängt. Die Strafe wird in Einzelhaft mit den Ausnahmen und Erleichterungen verbüßt, die die Rücksicht auf das Alter oder den Gesundheitszustand des Gefangenen erfordert. Wird Haft jedoch nach § 90 für einen längeren Zeitraum als 2 Jahre verhängt, so kann der Justizminister anordnen, daß die Strafe ganz oder zum Teil in Gemeinschaftshaft zu verbüßen ist.

Abs. 2. Die Gefangenen dürfen nur mit solchen Gefangenen zusammengebracht werden, die eine Haftstrafe verbüßen. Die Verpflegung ist nicht auf die vorgeschriebene Gefangenenkost beschränkt. Innerhalb der durch die Ordnung im Gefängnis gezogenen Grenzen haben die Gefangenen das Recht, sich die Dinge, die sie zum persönlichen Gebrauch und zur Ausstattung der Zelle wünschen, selbst zu beschaffen.

Abs. 3. Die Gefangenen sind berechtigt, sich selbst eine Arbeit zu beschaffen, die mit der Sicherheit und Ordnung im Gefängnis vereinbar ist; der Arbeitserlös steht dem Gefangenen zu. Beschafft sich der Gefangene keine derartige Arbeit, so ist er anzuweisen, gegen Entgelt eine unter Berücksichtigung seines Bildungsgrades und seiner Lebensstellung geeignete Arbeit in dem Umfang auszuführen, der für eine angemessene Beschäftigung erforderlich ist.

§ 45

Gefangene dürfen nicht mit gesundheitsschädlichen Arbeiten beschäftigt werden. Sie sind gegen die Folgen von Unglücksfällen zu versichern. Die näheren Vorschriften zur Durchführung der letzteren Bestimmung, einschließlich der Auszahlung und Verwaltung von Versicherungsbeträgen, können durch königl. Anordnung getroffen werden.

§ 46

Die Zeit, während der ein Gefangener im Krankenhaus untergebracht ist, wird in die Strafzeit eingerechnet, es sei denn, daß dic Unterbringung seinem eigenen Verhalten während der Strafverbüßung zuzuschreiben ist.

Abs. 2. In die Strafzeit wird die Zeit nicht eingerechnet, während der ein Gefangener in der Strafzelle untergebracht ist, oder die Zeit, die verstreicht, bis ein entwichener Gefangener wieder eingeliefert wird.

§ 47

Gegen Gefangene, die eine Strafe verbüßen, können nach näheren, durch königl. Anordnung zu treffenden Bestimmungen folgende Disziplinarstrafen verhängt werden:

1. Entziehung von Vergünstigungen, die nach den Anordnungen und

Reglements Gefangenen zustehen, die sich einwandfrei führen, z. B. Versetzung in eine niedrigere Klasse,

2. Kostbeschränkung bis zu 15 Tagen; besteht diese darin, daß der Gefangene nur Wasser und Brot erhält, so kann sie nur bei über 18 Jahre alten Gefangenen angewandt werden, und bei Gefangenen, die Haft verbüßen, nur bis zu 5 Tagen,
3. Arbeitsentziehung bis zu 14 Tagen,
4. Unterbringung in einer Strafzelle bis zu 60 Tagen, jedoch bei Gefangenen, die Gefängnis verbüßen, bis zu 3 Monaten.
   Ferner gegen Gefangene, die Haft verbüßen:
5. Entziehung des Rechts der Selbstbeköstigung bis zu 30 Tagen, sowie gegen Gefangene, die Gefängnis verbüßen:
6. Entziehung des Arbeitsverdienstes.

Abs. 2. Mehrere Disziplinarstrafen können nebeneinander verhängt werden.

Abs. 3. Die in Ziffer 2 genannte Strafe darf nur verhängt werden, wenn auf Grund ärztlichen Gutachtens anzunehmen ist, daß damit keine Schädigung der körperlichen oder geistigen Gesundheit des Gefangenen verbunden ist.

Abs. 4. Die durch die Unterbringung in einer Strafzelle verursachte Verlängerung der erkannten Strafzeit darf nur mit Genehmigung des Justizminister ein Drittel und in keinem Fall die Hälfte der Strafzeit übersteigen.

§ 48

Zwangsjacken, Fesseln, Unterbringung in einer Sicherungszelle und andere Sicherungsmittel können in dem durch den Zweck gebotenen Umfang angewandt werden, um drohende Gewalt abzuwenden, gewaltsamen Widerstand zu brechen oder einem Entweichen vorzubeugen. Die Unterbringung in einer Sicherungszelle für mehr als 6 Monate bedarf der Genehmigung des Justizministers.

§ 49

Im übrigen werden die näheren Bestimmungen über den Vollzug von Gefängnis, Jugendgefängnis und Haft durch königl. Anordnung für jede einzelne Strafart gesondert getroffen.

§ 50

Eine Geldstrafe, die auf Grund dieses Gesetzes verhängt wird, fällt an die Staatskasse.

* Abs. 2. Eine Geldstrafe kann als Zusatzstrafe zu einer anderen Strafart verhängt werden, wenn der Angeklagte durch die Tat einen wirtschaftlichen Gewinn für sich oder andere erzielt hat oder erzielen wollte.

§ 51

* Wird eine Geldstrafe nach diesem Gesetz durch Urteil verhängt oder vor Gericht angenommen, so ist sie in Tagesbußen festzusetzen. Dies gilt jedoch nicht für Geldstrafen, die als Zusatzstrafe zu einer anderen Rechtsfolge verhängt werden. Die Anzahl der Tagesbußen ist unter Berücksichtigung der Art der Gesetzesverletzung und der im § 80 genannten Umstände auf mindestens 1 und höchstens 60 zu bestimmen. Die Höhe der einzelnen Tagesbuße ist auf einen Betrag festzusetzen, der der durchschnittlichen Tageseinnahme des Betreffenden entspricht, jedoch soll bei der Festsetzung des Betrages auf die Lebensbedingungen des Verurteilten, einschließlich seines Vermögens, seiner Unterhaltspflichten und anderer Umstände, die von Einfluß auf seine Zahlungsfähigkeit sind, Rücksicht genommen werden. Die Tagesbuße kann aber nicht auf einen geringeren Betrag als 2 Kronen festgesetzt werden.

* Abs. 2. Ist eine Geldstrafe für eine Tat festzusetzen, durch die der Betreffende einen wirtschaftlichen Gewinn für sich oder andere erzielt hat oder erzielen wollte, und würde die Verhängung von Tagesbußen zur Folge haben, daß der Betrag der Geldstrafe wesentlich niedriger festzusetzen wäre, als unter Berücksichtigung des Verdienstes, der durch die Tat erzielt worden ist oder hätte erzielt werden können, angemessen erscheinen würde, so kann das Gericht an Stelle von Tagesbußen eine andere Geldstrafe verhängen.

* Abs. 3. Bei der Festsetzung anderer Geldstrafen ist innerhalb der Grenzen, die durch die Rücksicht auf die Art der Gesetzesverletzung und die im § 80 genannten Umstände gezogen sind, besondere Rücksicht auf die Zahlungsfähigkeit des Schuldigen zu nehmen.

§ 52

Das Gericht kann für die Bezahlung der Geldstrafe eine Frist bis zu 3 Monaten bewilligen.

Abs. 2. Ratenweise Bezahlung kann von der Polizeibehörde bewilligt werden.

Abs. 3. Wird eine Geldstrafe nicht bezahlt, so ist sie durch Pfändung beizutreiben, es sei denn, daß die Beitreibung nach dem Ermessen der Polizeibehörde nicht möglich ist oder die Lebensbedingungen des Verurteilten empfindlich beeinträchtigen würde.

Abs. 4. Eine Geldstrafe kann nicht ohne besondere gesetzliche Bestimmung gegen den Nachlaß des Verurteilten geltend gemacht oder von einem anderen als dem Verurteilten beigetrieben werden.

§ 53

Geht eine Geldstrafe nicht ein, so tritt an ihre Stelle eine Ersatzstrafe von Haft oder Gefängnis.

§ 54

Eine Geldstrafe, die durch Urteil verhängt oder vor Gericht angenommen worden ist, ist nach den Vorschriften über die Haftstrafe zu verbüßen. Es kann aber auf Gefängnis erkannt werden, wenn der Betreffende im Laufe der letzten 5 Jahre eine strengere Freiheitsstrafe als Haft oder mehr als einmal eine Ersatzstrafe verbüßt hat. Über Art und Dauer der Ersatzstrafe entscheidet das Gericht zugleich mit der Festsetzung der Geldstrafe. Ist die Geldstrafe als Tagesbuße festgesetzt, so ist die Ersatzstrafe in der Weise zu berechnen, daß ein Tag Haft oder Gefängnis einer Tagesbuße entspricht, jedoch kann die Ersatzstrafe nicht auf weniger als 2 Tage bemessen werden. Ist die Geldstrafe auf andere Weise festgesetzt, so kann die Ersatzstrafe nicht auf weniger als 2 Tage und nicht auf mehr als 60 Tage bemessen werden; in besonderen Fällen kann die Ersatzstrafe aber bis auf 9 Monate erhöht werden.

*[12a]) Abs. 2. Ist ein Teil der Geldstrafe bezahlt, so ist die Ersatzstrafe verhältnismäßig herabzusetzen, jedoch mit der Maßgabe, daß ein Teil eines Tages als voller Tag gerechnet wird und daß die Ersatzstrafe nicht unter die obengenannte Mindestzeit herabgesetzt werden kann. Ist ein Teil der Geldstrafe verbüßt und wird die Bezahlung des Restes angeboten, so werden bei der Berechnung des Restes nur die vollen Tage berücksichtigt, mit denen die Ersatzstrafe verbüßt ist.

§ 55

* Eine Geldstrafe, die nicht durch Urteil verhängt oder vor Gericht angenommen worden ist, ist nach den Vorschriften über Haft zu verbüßen.

* Abs. 2. Geldstrafen von 300 Kronen oder darunter werden mit 1 Tag für je 30 Kronen verbüßt. Für andere Geldstrafen wird die Ersatzstrafe von dem Amtsgericht des Bezirks festgesetzt, in dem der Betreffende seinen Wohnsitz oder Aufenthalt hat.

* Abs. 3. Die Vorschriften des § 54 Abs. 1, letzter Satz, und Abs. 2 finden entsprechende Anwendung.

* 7. Kapitel

Bedingte Urteile

§ 56

* Hält das Gericht es nicht für erforderlich, daß eine Strafe vollzogen wird, so ist im Urteil zu bestimmen, daß die Frage des Strafausspruchs ausgesetzt wird und nach einer Probezeit fortfällt.

[12a]) Abs. 2 war bisher Abs. 3 und ist unverändert an die Stelle des aufgehobenen Abs. 2 getreten.

* Abs. 2. Wenn es zweckmäßiger erscheint, kann das Gericht die Strafe festsetzen und bestimmen, daß der Vollzug ausgesetzt wird und mit dem Ablauf der Probezeit fortfällt. Dies gilt jedoch nur, wenn die Strafe Geldstrafe, Haft oder Gefängnis ist.

* Abs. 3. Die Aussetzung ist davon abhängig zu machen, daß der Verurteilte während der Probezeit keine strafbare Handlung begeht und daß er die etwa nach § 57 festgesetzten Bedingungen innehält. Die Probezeit wird vom Gericht festgesetzt und kann in der Regel 3 Jahre nicht übersteigen. Unter besonderen Umständen kann aber eine Probezeit bis zu 5 Jahren festgesetzt werden.

§ 57

* Das Gericht kann die Aussetzung von der Bedingung abhängig machen, daß der Verurteilte während der ganzen Probezeit oder während eines Teils derselben unter Schutzaufsicht zu stellen ist. Ferner kann das Gericht andere Bedingungen festsetzen, die zweckmäßig erscheinen, so[13]), daß der Verurteilte

1. besondere Vorschriften innehält, die seinen Aufenthalt, seine Arbeit, seine Ausbildung, die Anwendung seiner Freizeit und seinen Verkehr mit bestimmten Personen betreffen,

2. in einem geeigneten Heim oder einer geeigneten Anstalt Aufenthalt nimmt; für einen solchen Aufenthalt ist im Urteil eine Höchstzeit festzusetzen, die in der Regel 1 Jahr nicht übersteigen kann,

3. sich des Mißbrauchs von Alkohol, narkotischen Mitteln oder ähnlichen Medikamenten enthält,

4. sich einer Entziehungskur wegen Mißbrauchs von Alkohol, narkotischen Mitteln oder ähnlichen Medikamenten unterzieht, notfalls in einem Krankenhaus oder einer besonderen Anstalt,

5. sich einer psychiatrischen Behandlung unterzieht, notfalls in einem Krankenhaus,

6. sich nach den Vorschriften der mit der Schutzaufsicht betrauten Instanz über Beschränkungen in der Verfügung über Einkünfte und Vermögen und über die Erfüllung vermögensrechtlicher Verbindlichkeiten richtet,

7. Schadensersatz für die durch die Gesetzesverletzung verursachten Verluste leistet,

8. sich nach Bestimmung der Jugendbehörden jugendfürsorgerischen Maßnahmen unterstellt, ev. näher bezeichneter Art, und den ihm von der Behörde auferlegten Bedingungen nachkommt.

* Abs. 2. Der Justizminister erläßt nähere Vorschriften zur Durchführung der Schutzaufsicht und der in Abs. 1 Ziffer 1.—7. genannten Bedingungen.

---

[13]) Die Aufzählung ist nicht erschöpfend, das Gericht kann auch andere Bedingungen festsetzen.

§ 58

* Wenn eine unbedingte Freiheitsstrafe erforderlich erscheint, die Ermittlungen über die persönlichen Verhältnisse des Angeklagten aber für bedingte Verurteilung sprechen, kann das Gericht bestimmen, daß der Vollzug eines Teiles der festgesetzten Strafe in Übereinstimmung mit den Vorschriften des § 56 ausgesetzt wird. Die unbedingte Strafe kann 3 Monate nicht übersteigen. Betrifft das Verfahren mehrere strafbare Handlungen, so kann eine unbedingte Haftstrafe in Verbindung mit einer bedingten Gefängnisstrafe verhängt werden.

* Abs. 2. In Verbindung mit einem bedingten Urteil kann eine Geldstrafe verhängt werden, auch wenn eine solche Strafe für die betreffende Straftat nicht vorgesehen ist.

§ 59

* Ist nach § 57 Schutzaufsicht angeordnet worden, so erläßt die mit der Schutzaufsicht betraute Instanz die Vorschriften, die zur Durchführung der Schutzaufsicht und der etwa sonst noch festgesetzten Bedingungen erforderlich sind.

* Abs. 2. Die nach § 57 festgesetzten Bedingungen können später auf Antrag der Anklagebehörde oder des Verurteilten durch Gerichtsbeschluß geändert oder aufgehoben werden. Ein Antrag des Verurteilten ist an die Anklagebehörde zu richten, die die Frage so bald wie möglich dem Gericht vorlegt. Wird einem Antrag des Verurteilten nicht entsprochen, so kann er nicht vor Ablauf eines halben Jahres seit dem Erlaß des Beschlusses einen neuen Antrag stellen.

* Abs. 3. Die im Abs. 2 genannten Fragen sind bei dem Amtsgericht, das die Sache in erster Instanz abgeurteilt hat, oder bei dem Amtsgericht des Bezirks einzubringen, in dem der Verurteilte seinen Wohnsitz oder Aufenthalt hat. Ist die Sache in erster Instanz vom Landgericht abgeurteilt worden, so wird die Entscheidung von dem Amtsgericht des Bezirks getroffen, in dem der Verurteilte seinen Wohnsitz oder Aufenthalt hat.

§ 60

* Handelt der Verurteilte den nach § 57 festgesetzten Bedingungen zuwider, so kann das Gericht aus diesem Anlaß

1. eine Verwarnung erteilen,

2. durch Beschluß die Bedingungen ändern und die Probezeit im Rahmen der im § 56 Abs. 3 festgesetzten Höchstzeit verlängern,

3. durch Urteil eine Strafe oder eine andere Rechtsfolge für die begangene Straftat festsetzen oder — wenn im bedingten Urteil eine Strafe festgesetzt ist — durch Beschluß den Vollzug dieser Strafe anordnen. § 58 Abs. 1 findet entsprechende Anwendung.

* Abs. 2. Auf die im Abs. 1 genannten gerichtlichen Entscheidungen findet § 59 Abs. 3 entsprechende Anwendung.

§ 61

* Wird vor Ablauf der Probezeit eine richterliche Handlung gegen den Verurteilten vorgenommen, durch die er einer strafbaren Handlung beschuldigt wird, die vor dem bedingten Urteil begangen worden ist, so setzt das Gericht die Rechtsfolgen für diese Tat und die früher abgeurteilte Straftat fest.

* Abs. 2. Begeht der Verurteilte eine neue strafbare Handlung während der Probezeit und wird vor deren Ablauf eine richterliche Handlung vorgenommen, durch die er der Tat beschuldigt wird, so setzt das Gericht eine unbedingte Strafe oder eine andere Rechtsfolge für diese Tat und die früher abgeurteilte Straftat fest. Hierbei finden die Vorschriften des § 88 Abs. 2—6 entsprechende Anwendung. Wenn die Umstände dafür sprechen, kann das Gericht anstatt dessen

1. lediglich für die neue Tat eine unbedingte Strafe verhängen, ev. in Verbindung mit einer Änderung der Bedingungen im bedingten Urteil, oder

2. ein neues bedingtes Urteil wegen beider Straftaten in Übereinstimmung mit den Vorschriften dieses Kapitels erlassen.

8. Kapitel

Arbeitshaus und Sicherungsverwahrung

§ 62

An Stelle einer Gefängnisstrafe kann zur Unterbringung im Arbeitshaus verurteilt werden,

* 1. wer, nachdem er 2 Gefängnisstrafen wegen eines Bereicherungsdelikts oder wegen einer Zuwiderhandlung gegen § 228 oder § 229 verbüßt hat oder im Arbeitshaus untergebracht war, vor Ablauf von 3 Jahren seit der letzten endgültigen Entlassung eine der genannten Straftaten begeht, wenn die begangenen Straftaten als Ausfluß eines Hanges zum Müßiggang und zu ungeordneter Lebensführung anzusehen sind, die Rücksicht auf die allgemeine Sicherheit aber nicht die Anordnung der Sicherungsverwahrung nach § 65 erfordert,

2. wer, nachdem er 3 Strafen wegen Bettelei verbüßt hat oder im Arbeitshaus untergebracht war, sich vor Ablauf von 2 Jahren seit der letzten endgültigen Entlassung der Bettelei schuldig macht, wenn die Ermittlungen ihn als gewerbs- oder gewohnheitsmäßigen Rechtsbrecher kennnzeichnen, die Rücksicht auf die allgemeine Sicherheit aber nicht die Anordnung der Sicherungsverwahrung nach § 65 erfordert,

3. wer, nachdem er eine Gefängnisstrafe wegen einer im Kapitel 24

behandelten Straftat verbüßt hat oder im Arbeitshaus untergebracht war, sich vor Ablauf von 3 Jahren seit der endgültigen Entlassung einer derartigen Straftat schuldig macht, wenn sein Verhalten einen Hang zur Begehung von Straftaten dieser Art erkennen läßt, die Rücksicht auf die allgemeine Sicherheit aber nicht die Anordnung der Sicherungsverwahrung nach § 65 erfordert,

4. wer unter der Einwirkung geistiger Getränke eine Straftat begangen hat, wenn anzunehmen ist, daß er dem Trunk ergeben ist[13a]).

§ 63

* Ein zu Arbeitshaus Verurteilter kann nicht vor Ablauf eines Jahres seit der Aufnahme entlassen und nicht länger als 5 Jahre im Arbeitshaus festgehalten werden. Hält die Anstaltsleitung die Entlassung nach Verlauf eines Jahres für angezeigt, so entscheidet darüber der Gefängnisausschuß. Nach Verlauf von 2 Jahren entscheidet der Gefängnisausschuß auf Vorschlag der Anstaltsleitung, ob der Verurteilte im Arbeitshaus verbleiben soll. Wird dies beschlossen, so ist die Frage jeweils nach Ablauf eines weiteren Jahres seit der Aufnahme erneut zu prüfen und zu entscheiden, bis die fünfjährige Frist abgelaufen ist. Über die vorstehenden Bestimmungen hinaus kann die Frage der Entlassung nicht vor den Gefängnisausschuß gebracht werden.

* Abs. 2. Der Gefängnisausschuß bestimmt, ob die Entlassung unbedingt oder probeweise erfolgen soll, und setzt die Länge der Probezeit auf mindestens 1 Jahr, höchstens 3 Jahre fest. Die Vorschriften der §§ 38 Abs. 2 und 4, 40 Abs. 2 und 43 Abs. 2 finden Anwendung. Die Entscheidung über die Wiederaufnahme wird vom Gefängnisausschuß getroffen.

* Abs. 3. Die vorstehenden Bestimmungen gelten nicht für die nach § 37 Abs. 2 in das Arbeitshaus versetzten Gefangenen.

Abs. 4. Die Vorschriften des § 46 finden auf die Insassen des Arbeitshauses entsprechende Anwendung.

§ 64

Arbeitshaus wird in einer dafür bestimmten Anstalt oder Anstaltsabteilung verbüßt, die dem Staat gehört oder doch unter seiner Leitung steht. Die Insassen des Arbeitshauses unterliegen der Arbeitspflicht nach näheren, durch königl. Anordnung festzusetzenden Bestimmungen. Arbeit im Freien ist in größtmöglichem Umfang anzuwenden. Die Vorschriften des § 35 Abs. 1 finden entsprechende Anwendung. Die Behandlung soll nicht härter sein, als es die Rücksicht auf die Disziplin und die Erfüllung der Arbeitspflicht erfordert. Die

---

[13a]) Die bisherige Ziffer 5 ist aufgehoben.

Leitung des Arbeitshauses kann demjenigen, der dies durch gute Führung verdient hat, eine begrenzte Ausgangserlaubnis erteilen.

§ 65

Verwirkt jemand, der wegen einer im Kapitel 24 behandelten Straftat oder auf Grund zweier Urteile im Ganzen mindestens 2 Jahre Gefängnis oder Arbeitshaus verbüßt hat, erneut eine Gefängnisstrafe und kennzeichnen ihn die Ermittlungen als gewerbs- oder gewohnheitsmäßigen Rechtsbrecher, so kann das Gericht ihn, wenn dies mit Rücksicht auf die allgemeine Sicherheit erforderlich erscheint, zur Sicherungsverwahrung verurteilen, die alsdann an Stelle von Strafe tritt.

Abs. 2. Einer Gefängnisstrafe kann den Umständen nach eine im Ausland verbüßte Freiheitsstrafe entsprechender Art gleichgestellt werden.

§ 66

* Ein zur Sicherungsverwahrung Verurteilter kann nicht vor Ablauf von 4 Jahren seit der Aufnahme entlassen werden. Nach Verlauf von 4 Jahren ist über die Frage der Entlassung vom Gefängnisausschuß zu entscheiden. Die Entlassung erfolgt probeweise nach den Vorschriften der §§ 38 Abs. 2 und 4 und 40 Abs. 2. Die Probezeit, die mindestens 2 Jahre betragen muß, wird vom Gefängnisausschuß festgesetzt, der auch über die Wiederaufnahme entscheidet. Die Vorschrift des § 43 Abs. 2 findet entsprechende Anwendung. Wird die Entlassung abgelehnt, so kann die Frage frühestens nach Ablauf von 2 Jahren erneut geprüft werden.

Abs. 2. Wer 20 Jahre in Sicherungsverwahrung untergebracht war, ist zu entlassen, es sei denn, daß der Gefängnisausschuß dies für bedenklich hält. Die Frage seines weiteren Verbleibens in der Verwahrungsanstalt ist alsdann dem Landgericht des Bezirks vorzulegen, in dem die Anstalt belegen ist. Die Entscheidung ergeht durch Beschluß. Ordnet das Gericht das weitere Verbleiben in der Verwahrungsanstalt an, so ist die Frage dem Gericht nach Ablauf von jeweils 5 Jahren erneut vorzulegen. Erfolgt die Entlassung nach 20jähriger oder längerer Dauer, so ist sie bedingungslos.

* Abs. 3. Die vorstehenden Bestimmungen gelten nicht für die nach § 37 Abs. 3 in die Verwahrungsanstalt versetzten Gefangenen.

Abs. 4. Die Vorschriften des § 46 finden auf die Insassen der Verwahrungsanstalt entsprechende Anwendung.

§ 67

Sicherungsverwahrung wird von Männern in einer dafür eingerichteten staatlichen Anstalt oder Abteilung einer solchen verbüßt, von Frauen im Arbeitshaus unter Beobachtung der Vorschriften des

§ 66. Die Vorschriften des § 64 über Arbeitspflicht, Arbeitsverdienst und Behandlung finden unter gebührender Rücksichtnahme auf die größere Gefährlichkeit der Verwahrungsgefangenen entsprechende Anwendung. Ausgangserlaubnis kann nicht erteilt werden.

§ 68

Die näheren Bestimmungen über die Behandlung der zu Arbeitshaus und Sicherungsverwahrung Verurteilten werden durch königl. Anordnung getroffen, die auch Disziplinarstrafen festsetzt, die denen des § 47 entsprechen. § 48 findet auf die hier genannten Insassen entsprechende Anwendung.

§ 69

Wird ein Insasse des Arbeitshauses oder der Verwahrungsanstalt zu einer Freiheitsstrafe verurteilt, so wird sein Aufenthalt dort für die Dauer der Strafverbüßung unterbrochen.

9. Kapitel

Andere Rechtsfolgen der strafbaren Handlung

§ 70

Wird ein Angeklagter nach § 16 freigesprochen oder kommt eine Strafe nach § 17 nicht in Frage, so kann das Gericht, wenn es aus Gründen der Rechtssicherheit die Anordnung anderer Maßregeln gegen ihn für erforderlich hält, eine dahingehende Bestimmung treffen. Ist von weniger eingreifenden Maßnahmen, wie Sicherheitsleistung, Anweisung oder Verbot des Aufenthalts an bestimmten Orten, Auflage nach § 72, Stellung unter Schutzaufsicht oder Entmündigung keine Sicherheit zu erwarten, so ist der Betreffende in einer Irrenanstalt, einer Schwachsinnigen- oder anderen Heil- oder Pflegeanstalt, einer Trinkerheilanstalt oder einer besonderen Verwahrungsanstalt unterzubringen. Innerhalb der vom Gericht gezogenen Grenzen trifft die Verwaltungsbehörde die zur Durchführung der Maßregeln etwa erforderlichen Bestimmungen.

Abs. 2. Kommt die Verurteilung eines Angeklagten zur Unterbringung in einem Krankenhaus oder in einer Anstalt in Frage, so kann ihm vom Gericht ein dazu geeigneter und bereiter Pfleger, möglichst aus dem Kreise seiner nächsten Angehörigen, bestellt werden. Der Pfleger hat dem Angeklagten während des Verfahrens zusammen mit dem bestellten Verteidiger beizustehen sowie sich später über seinen Zustand unterrichtet zu halten und dafür zu sorgen, daß der Aufenthalt im Krankenhaus oder in der Anstalt nicht länger als notwendig ausgedehnt wird.

* Abs. 3. Auf Antrag der Anklagebehörde, der Anstaltsleitung oder des Pflegers kann die verhängte Maßregel durch Gerichtsbeschluß

geändert oder vorläufig oder endgültig aufgehoben werden. Ein Antrag der Anstaltsleitung oder des Pflegers ist an die Anklagebehörde zu richten, die die Frage so bald wie möglich dem Gericht vorlegt. Wird einem Antrag des Pflegers nicht entsprochen, so kann er nicht vor Ablauf eines Jahres seit dem Erlaß des Beschlusses einen neuen Antrag stellen. Wenn besondere Umstände dafür sprechen, kann ein neuer Antrag aber nach Verlauf eines halben Jahres eingereicht werden.

* Abs. 4. Auf die im Abs. 3 genannten Entscheidungen findet die Vorschrift des § 59 Abs. 3 entsprechende Anwendung. Handelt es sich aber um die Änderung einer Maßregel auf Grund einer neuen strafbaren Handlung, so ist die Frage von dem Gericht zu entscheiden, bei dem das Verfahren wegen dieser Tat anhängig ist.

§ 71

Ist jemand nach Begehung einer strafbaren Handlung, aber vor der Aburteilung in einen nicht nur vorübergehenden Zustand der im § 16 oder 17 bezeichneten Art geraten, so entscheidet das Gericht, ob auf Strafe zu erkennen ist oder ob die verwirkte Strafe fortfallen soll. Erscheint es aus Gründen der Rechtssicherheit erforderlich, so kann das Gericht im Urteil bestimmen, daß Maßregeln nach § 70 an Stelle von Strafe oder bis zu dem Zeitpunkt zu treffen sind, in dem der Vollzug der Strafe möglich wird.

§ 72

* Wird jemand wegen einer in diesem Gesetz behandelten Straftat zu einer Freiheitsstrafe verurteilt und stellt das Gericht fest, daß die Tat unter der Einwirkung geistiger Getränke begangen ist, so kann dem Verurteilten im Urteil auferlegt werden, innerhalb eines bestimmten Zeitraums, jedoch höchstens bis zu 5 Jahren seit seiner endgültigen Entlassung, bei Vermeidung einer Bestrafung nach § 138 Abs. 2 keine geistigen Getränke zu sich zu nehmen oder zu kaufen; eine entsprechende Auflage kann gemacht werden, wenn der Betreffende nach § 18 freigesprochen wird, falls sonst eine Freiheitsstrafe verwirkt wäre.

Abs. 2. Die Polizeibehörde hat, soweit möglich, Gastwirten, Händlern und Lieferanten[14]) aufzuerlegen, bei Vermeidung einer Bestrafung nach § 138 Abs. 3 keine geistigen Getränke an einen nach Abs. 1 Verurteilten auszuschenken, zu verkaufen oder zu liefern.

§ 73

Ergibt sich aus einem ärztlichen Gutachten und den sonstigen Umständen des Falles, daß ein Angeklagter der im § 72 Abs. 1 bezeichneten Art oder jemand, der eine Strafe nach § 138 Abs. 1 oder 2 ver-

---

[14]) Gemeint sind die nicht „Handel“ treibenden Konsumvereine u. dgl.

wirkt hat, dem Trunk ergeben ist, so kann im Urteil bestimmt werden, daß er nach Verbüßung der Strafe, bei bedingter Verurteilung sofort, in einer Trinkerheilanstalt unterzubringen ist, erforderlichenfalls in einer besonders dafür eingerichteten öffentlichen Anstalt oder Anstaltsabteilung, bis er als geheilt anzusehen ist. Der längste Zeitraum für die Unterbringung ist im Urteil auf 18 Monate, im Wiederholungsfall auf 3 Jahre zu bemessen. Ist der so Untergebrachte vor Ablauf der festgesetzten Frist als geheilt anzusehen oder erweist sich die Unterbringung als zwecklos, so entscheidet der Justizminister auf Vorschlag der Anstaltsleitung und nach Einholung eines ärztlichen Gutachtens, ob die Unterbringung zu beenden ist.

§ 74

Durch königl. Anordnung können Bestimmungen über die Behandlung der nach §§ 70 und 73 untergebrachten Anstaltsinsassen einschließlich ihrer Beschäftigung mit einer geeigneten Arbeit getroffen werden.

§ 75

Bedroht jemand einen anderen oder droht er mit Brandstiftung oder anderem Unheil, so kann ihm, wenn Strafe entweder ausgeschlossen ist oder keine ausreichende Sicherheit erwarten läßt, in einem von der Anklagebehörde auf Antrag des Bedrohten oder, wenn das öffentliche Interesse es erfordert, ohne einen solchen Antrag einzuleitenden Verfahren durch Urteil auferlegt werden, diejenigen Handlungen vorzunehmen, die das Gericht für erforderlich hält, um Sicherheit dafür zu schaffen, daß die Ausführung der Drohung unterbleibt, und erforderlichenfalls angeordnet werden, daß er in Haft zu nehmen ist, in welchem Falle das Gericht zugleich entscheidet, ob die Haft nach den Vorschriften über die Untersuchungshaft oder in einer der in den §§ 64, 67, 70 und 73 genannten Anstalten zu vollziehen ist. Die Auflagen oder Maßregeln können von der Anklagebehörde aufgehoben werden, wenn diese ihre Aufrechterhaltung nicht mehr für erforderlich hält und der Bedrohte zustimmt, anderenfalls durch Beschluß des Gerichts, das die Sache in erster Instanz abgeurteilt hat. Auf Antrag des Verurteilten ist die Sache erneut bei dem Gericht einzubringen, es sei denn, daß die Verhältnisse nach dem Ermessen der Anklagebehörde völlig unverändert sind und seit dem Urteil oder einem späteren Gerichtsbeschluß noch nicht 1 Jahr verstrichen ist.

§ 76

Wird ein Ausländer, der nicht in den letzten 5 Jahren seinen ständigen Aufenthalt im dänischen Staat gehabt hat, zu einer Gefängnisstrafe von 2 Jahren oder mehr verurteilt, so ist, wenn nicht besondere Umstände dagegen sprechen, im Urteil anzuordnen, daß er nach Verbüßung der Strafe über die Grenze zu bringen ist. Wird ein

Ausländer sonst zu Gefängnis verurteilt, so kann im Urteil eine derartige Anordnung getroffen werden, wenn seine Verhältnisse Anlaß dazu geben.

Abs. 2. Vor der Verbringung in das Ausland ist der Betreffende zu polizeilichem Protokoll auf die mit verbotener Rückkehr verbundene strafrechtliche Verantwortung hinzuweisen.

§ 77

Durch Urteil können, soweit nicht ausdrücklich etwas anderes bestimmt ist, zu Gunsten der Staatskasse eingezogen werden

1. Gegenstände, die durch eine strafbare Handlung hervorgebracht oder zur Begehung einer vorsätzlichen Straftat gebraucht oder bestimmt sind, soweit sie einem für die Tat Verantwortlichen gehören,
2. Gegenstände, von denen anzunehmen ist, daß sie zu einem verbrecherischen Zweck bestimmt sind, wenn ihre Einziehung aus Gründen der Rechtssicherheit erforderlich erscheint,
3. der durch eine strafbare Handlung erzielte Gewinn, soweit niemand einen Rechtsanspruch darauf hat, oder ein entsprechender Geldbetrag.

Abs. 2. Die Polizeibehörde entscheidet über die Behandlung der nach Ziffer 2 eingezogenen Gegenstände. Im übrigen ist das eingezogene Gut, soweit jemand durch die strafbare Handlung geschädigt worden und von dem Schuldigen nicht auf andere Weise Ersatz zu erlangen ist, zur Befriedigung des Schadensersatzanspruchs mit der Maßgabe zu verwenden, daß dieser dem Anspruch des Staates vorgeht.

Abs. 3. Wird ein Verein durch Urteil aufgelöst, so ist das Vereinsvermögen zugunsten der Staatskasse einzuziehen und das Vereinsarchiv nebst den Protokollen usw. in amtliche Verwahrung zu nehmen.

§ 78

Strafbares Verhalten zieht nicht den Verlust von bürgerlichen Rechten, einschließlich des Rechts zu einer Tätigkeit auf Grund eines gewöhnlichen Gewerbescheins oder eines Seegewerbescheins, nach sich.

Abs. 2. Wer wegen strafbaren Verhaltens verurteilt worden ist, kann aber von der Ausübung einer Tätigkeit ausgeschlossen werden, für die eine besondere behördliche Ermächtigung oder Genehmigung erforderlich ist, wenn das an den Tag gelegte Verhalten die naheliegende Gefahr eines Mißbrauchs der Stellung oder des Berufs begründet.

Abs. 3. Die Frage, ob das an den Tag gelegte Verhalten der Ausübung einer im Abs. 2 bezeichneten Tätigkeit im Wege steht, ist von der Anklagebehörde auf Antrag desjenigen, dessen Gesuch auf Erteilung einer solchen Ermächtigung oder Genehmigung abgelehnt worden ist, oder auf Antrag der betreffenden Behörde bei dem Amtsgericht einzubringen, das die genannte Entscheidung getroffen hat oder von dem die Sache behandelt worden wäre, wenn sie vom Amtsgericht abgeurteilt worden wäre. Die Entscheidung ergeht durch Beschluß. Lautet die Entscheidung auf Ausschluß von der betreffenden Tätigkeit, so kann die Frage erneut bei dem Gericht eingebracht werden, jedoch frühestens nach Ablauf von 2 Jahren. Eine Ermächtigung oder Genehmigung kann von der betreffenden Behörde auch vor Ablauf dieser Frist erteilt werden.

§ 79

Demjenigen, der eine im § 78 Abs. 2 bezeichnete Tätigkeit ausübt, kann durch ein wegen strafbaren Verhaltens ergehendes Urteil das Recht zur ferneren Ausübung der betreffenden Tätigkeit oder zur Ausübung unter einer bestimmten Form aberkannt werden, wenn das an den Tag gelegte Verhalten die naheliegende Gefahr eines Mißbrauchs der Stellung begründet. Das gleiche gilt, wenn besondere Umstände dafür sprechen, von der Ausübung einer anderen Tätigkeit. Die Aberkennung erfolgt für einen Zeitraum von 1—5 Jahren seit dem endgültigen Urteil oder bis auf weiteres, in welchem Falle die Frage fortgesetzten Ausschlusses von der betreffenden Tätigkeit nach Ablauf von 5 Jahren nach den Vorschriften des § 78 Abs. 3 bei dem Gericht eingebracht werden kann, das in letzter Instanz auf Aberkennung des Rechts erkannt hat.

Abs. 2. Während des im Abs. 1 Satz 1 genannten Verfahrens kann das Gericht den Betreffenden durch Beschluß von der Ausübung der Tätigkeit bis zur endgültigen Entscheidung ausschließen. In dem in der Sache ergehenden Urteil kann bestimmt werden, daß die Einlegung eines Rechtsmittels keine aufschiebende Wirkung hat.

Abs. 3. Wenn besondere Umstände dafür sprechen, kann der Justizminister genehmigen, daß die Sache vor Ablauf der im Abs. 1 genannten fünfjährigen Frist bei dem Gericht eingebracht wird.

10. Kapitel

Festsetzung der Strafe

§ 80

Bei der Strafzumessung sind neben der Schwere und Gefährlichkeit der Straftat das Vorleben des Täters, sein Alter und sein Verhalten vor und nach der Tat, die Stärke der an den Tag gelegten verbrecherischen Gesinnung und die Beweggründe der Handlung besonders zu berücksichtigen.

Abs. 2. Ist die Tat von mehreren gemeinschaftlich begangen worden, so ist dies in der Regel als erschwerender Umstand anzusehen.

§ 81

Die Anwendung von Bestimmungen über Strafschärfung oder andere Rechtsfolgen bei Rückfall[15]) ist davon abhängig, daß der Täter, bevor er sich erneut vergangen hat, im dänischen Staat einer nach Vollendung des 18. Lebensjahres begangenen strafbaren Handlung, der das Gesetz im Verhältnis zu der später begangenen Rückfallwirkung beilegt, oder des Versuchs oder der Teilnahme an einer solchen für schuldig befunden worden ist. Bei der Anwendung der Vorschriften des § 65 gilt die vorstehende Bestimmung über das Alter des Täters bei Begehung der strafbaren Handlung jedoch nicht.

Abs. 2. Das Gericht kann Strafurteilen, die außerhalb des dänischen Staats ergangen sind, die gleiche Rückfallwirkung wie den im Inland ergangenen beilegen.

* Abs. 3. Die Rückfallwirkung erlischt, wenn vor der Begehung der neuen strafbaren Handlung 5 Jahre verstrichen waren, seitdem die frühere Strafe verbüßt, endgültig erlassen oder fortgefallen oder der Verurteilte endgültig aus dem Arbeitshaus oder der Sicherungsverwahrung entlassen war. Ist die frühere Strafe eine Geldstrafe, so wird die genannte Frist vom Datum des endgültigen Urteils oder der Annahme der Geldstrafe an gerechnet. Bei bedingten Urteilen wird die Frist vom endgültigen Urteil an gerechnet.

§ 82[16])

§ 83

Begeht ein Gefangener, der eine Strafe verbüßt oder aus einem anderen Grunde in Gewahrsam gehalten wird, eine der in den §§ 119, 121, 141, 142, 180, 181, 237, 244—247, 252, 260, 261, 266 und 291 Abs. 2 bezeichneten Straftaten, so ist die in den genannten Bestimmungen vorgesehene Strafe auf das Doppelte zu erhöhen. Die Strafe kann aber in keinem Falle auf weniger als Haft bemessen werden. Verbüßt der Gefangene eine Gefängnisstrafe oder ist er im Arbeitshaus oder in der Verwahrungsanstalt (§ 67) untergebracht, so kann auf keine niedrigere Strafe als Gefängnis erkannt werden mit der Maßgabe, daß in den Fällen, in denen keine höhere Strafe als Haft vorgesehen ist, anstatt dessen auf Gefängnis für den gleichen Zeitraum zu erkennen ist, das alsdann für kürzere Zeit als im § 33 vorgesehen verhängt werden kann.

Abs. 2. Die Vorschrift des Abs. 1 Satz 1 findet entsprechende Anwendung, wenn die dort genannten Straftaten von einem früheren Gefangenen gegen einen Angestellten der betreffenden Anstalt oder gegen die Anstalt oder ihr Eigentum begangen werden, sowie wenn

---

[15]) Wörtlich: in Wiederholungsfällen. Betrifft Wiederholungsfälle aller Art, vgl. z. B. §§ 54 Abs. 1, 73 Satz 2, 85 Satz 2.

[16]) Aufgehoben — s. d. Vorbemerkung.

ein früherer Gefangener sich einer im § 124 genannten Straftat hinsichtlich eines in der betreffenden Anstalt untergebrachten Gefangenen schuldig macht.

Abs. 3. Ist die Tat von mehreren gemeinschaftlich begangen worden, so ist dies stets als erschwerender Umstand anzusehen.

Abs. 4. Haben mehrere Gefangene die Begehung einer der im Abs. 1 bezeichneten Straftaten verabredet, so sind die Rädelsführer, auch wenn die Tat nicht vollendet wird, wie für eine vollendete Straftat zu bestrafen. Beim Vorliegen der im § 22 bezeichneten Umstände kann die Strafe aber herabgesetzt werden.

Abs. 5. Begeht ein zu lebenslänglichem Gefängnis Verurteilter, der nicht begnadigt ist, im Gefängnis oder außerhalb desselben eine neue Straftat, so ist im Urteil zu bestimmen, welche Freiheitsstrafe er verwirkt haben würde, wenn die früher erkannte Strafe nicht lebenslänglich wäre. Daneben kann nach näheren, durch königl. Anordnung zu treffenden Bestimmungen auf eine Strafe erkannt werden, die einer oder mehreren der im § 47 genannten Disziplinarstrafen entspricht. In der Anordnung kann bestimmt werden, daß die im § 47 Abs. 1 Ziffer 1 vorgesehene Strafe für unbestimmte Zeit verhängt sowie daß der in Ziffer 2—4 vorgesehene längste Zeitraum verdoppelt werden kann.

§ 84

Die für eine strafbare Handlung im Gesetz vorgesehene Strafe kann herabgesetzt werden:

1. wenn jemand die Grenzen rechtmäßiger Notwehr oder des nach § 14 zulässigen Notrechts überschritten hat;

2. wenn der Täter bei Begehung der strafbaren Handlung das 18. Lebensjahr noch nicht vollendet hatte und die Anwendung der vollen Strafe des Gesetzes wegen seiner Jugend unnötig oder schädlich erscheint. Die Strafe für solche Jugendliche darf 8 Jahre Gefängnis nicht übersteigen;

3. wenn der Täter in entschuldbarer Unkenntnis oder in entschuldbarem Mißverständnis rechtlicher Vorschriften gehandelt hat, die die Vornahme der Handlung verbieten oder gebieten;

4. wenn die Tat in der Erregung über einen rechtswidrigen Angriff oder eine schwere Beleidigung seitens des Verletzten begangen worden ist;

5. wenn jemand sich durch seine Abhängigkeit von einem anderen oder durch Androhung erheblichen Schadens zu der Tat hat bewegen lassen;

6. wenn der Täter nach Vollendung der strafbaren Handlung die sich aus seiner Handlung ergebende Gefahr freiwillig abgewendet hat;

7. wenn der Täter nach Vollendung der strafbaren Handlung den

durch die Tat verursachten Schaden vollständig wiedergutgemacht hat;

8. wenn er im übrigen freiwillig bestrebt war, der Vollendung vorzubeugen oder den durch die Tat verursachten Schaden wiedergutzumachen;

9. wenn er sich freiwillig selbst angezeigt und ein volles Geständnis abgelegt hat.

Abs. 2. In den Fällen der Ziffern 1—6 kann die Strafe bei im übrigen mildernden Umständen ganz fortfallen.

* § 85[16a])

Ist eine strafbare Handlung unter dem Einfluß einer starken Gemütsbewegung, einer anderen vorübergehenden Störung des psychischen[17]) Gleichgewichts oder anderer besonderer Umstände begangen worden, die die Strafwürdigkeit, von der Handlungen der betreffenden Art in der Regel zeugen, so erheblich vermindern, daß die Anwendung der vorgesehenen Strafe eine unverhältnismäßige Härte bedeuten würde, so ist die Strafe herabzusetzen und kann, wenn die betreffende Strafnorm keine höhere Strafe als Haft vorsieht, ganz fortfallen. Ist die Störung des psychischen Gleichgewichts auf selbstverschuldete Trunkenheit zurückzuführen, so findet die vorstehende Bestimmung nur Anwendung, wenn der Angeklagte nicht schon einmal einer strafbaren Handlung gleicher Art oder einer Zuwiderhandlung gegen die Vorschriften des § 138 Abs. 1 oder 2 für schuldig befunden worden ist, und nur bei im übrigen mildernden Umständen.

§ 86

* Hat der Verurteilte Untersuchungshaft erlitten, die nicht seinem eigenen Verhalten während des Verfahrens zuzuschreiben ist, oder war er zur Beobachtung seines Geisteszustandes in einer Anstalt untergebracht, so muß im Urteil angeordnet werden, daß damit ein Teil der erkannten Strafe oder diese ganz als verbüßt gilt. Wird ein Rechtsmittel verworfen oder zurückgezogen, so wird die Entscheidung durch Beschluß des Rechtsmittelgerichts getroffen, soweit es sich um die Zeit nach dem Urteil handelt. Wird auf Jugendgefängnis, Arbeitshaus oder Sicherungsverwahrung erkannt, so ist der vom Gericht bestimmte Zeitraum auf den in den §§ 42, 63 und 66 für den Aufenthalt im Jugendgefängnis, im Arbeitshaus oder in Sicherungsverwahrung bestimmten Zeitraum anzurechnen.

* Abs. 2. Bei einem Urteil nach § 58 Abs. 1 muß die Anrechnung auf den unbedingten Teil der Strafe erfolgen.

* Abs. 3. Die Vorschriften des Abs. 1 und 2 finden entsprechende Anwendung bei gerichtlichen Entscheidungen nach § 60 Abs. 1 Zif-

---

[16a]) Der bisherige Abs. 2 ist aufgehoben.

[17]) Wörtlich: seelischen.

fer 3 in den Fällen, in denen der bedingt Verurteilte vor der Entscheidung Untersuchungshaft erlitten hat.

§ 87

Werden Rechte nach § 79 aberkannt, so kann die Strafe herabgesetzt werden und, wenn sie Haft nicht überstiegen haben würde, ganz fortfallen.

§ 88

Hat jemand durch eine oder mehrere Handlungen mehrere Straftaten begangen, so ist für diese eine gemeinsame Strafe[18]) innerhalb des vorgesehenen Strafrahmens oder, wenn mehrere Strafrahmen in Frage kommen, innerhalb des strengsten Strafrahmens festzusetzen. Bei besonders erschwerenden Umständen kann die Strafe die höchste der für eine der Straftaten vorgesehene Strafe bis um die Hälfte übersteigen.

* Abs. 2. Ziehen die Straftaten, die für die Bildung der Strafe in Frage kommen, Freiheitsstrafen verschiedener Art nach sich, so ist eine gemeinsame Freiheitsstrafe der strengeren Art festzusetzen, vgl. jedoch § 58 Abs. 1.

Abs. 3. Zieht eine der Straftaten Freiheitsstrafe, eine andere Geldstrafe nach sich, so kann das Gericht an Stelle einer gemeinsamen Freiheitsstrafe auf eine Geldstrafe neben der Freiheitsstrafe erkennen.

Abs. 4. Zieht eine der Straftaten Tagesbuße, eine andere Geldstrafe anderer Art nach sich, so setzt das Gericht eine gemeinsame Tagesbußenstrafe fest, es sei denn, daß es den Umständen nach richtiger erscheint, die Strafe für jede Zuwiderhandlung gesondert festzusetzen.

Abs. 5. Wer zu Arbeitshaus oder Sicherungsverwahrung verurteilt wird, kann nicht gleichzeitig zu einer Freiheitsstrafe verurteilt werden. Hat der Angeklagte außer einer oder mehrerer Straftaten, wegen derer er nach § 62 zur Unterbringung im Arbeitshaus verurteilt werden kann, noch eine oder mehrere andere Straftaten begangen, so kann er wegen aller von ihm begangenen Straftaten zur Unterbringung im Arbeitshaus verurteilt werden.

* Abs. 6. Zieht eine der Straftaten eine Maßregel nach § 70 nach sich, während für eine andere eine Strafe verwirkt ist, so kann das Gericht anordnen, daß diese Strafe fortfällt.

§ 89

Wird ein bereits zu Strafe Verurteilter einer weiteren, vor dem Urteil begangenen strafbaren Handlung für schuldig befunden, so ist auf eine Zusatzstrafe zu erkennen, soweit die gleichzeitige Aburtei-

[18]) Einheitsstrafe.

lung zu einer Erhöhung der Strafe geführt haben würde. Ist der Vollzug der früher erkannten Strafe noch nicht beendet, so sind die Vorschriften des § 88 nach Möglichkeit zu befolgen, und die Zusatzstrafe kann alsdann für kürzere Zeit als in den §§ 33 und 44 vorgesehen verhängt werden.

* Abs. 2. Ist wegen der später zur Aburteilung stehenden Tat eine Haft- oder Gefängnisstrafe verwirkt, während das frühere Urteil auf Jugendgefängnis, Arbeitshaus oder Sicherungsverwahrung lautete, so entscheidet das Gericht, ob das frühere Urteil aufrecht erhalten werden soll oder ob für beide Straftaten auf eine Gefängnisstrafe zu erkennen ist. Im letzteren Fall ist die Zeit, die der Verurteilte im Jugendgefängnis, im Arbeitshaus oder in Sicherungsverwahrung zugebracht hat, auf die erkannte Strafe anzurechnen.

§ 89 a

* In Verbindung mit einem Urteil, durch das jemand zu Jugendgefängnis, Arbeitshaus, Sicherungsverwahrung oder Maßregeln nach § 70 verurteilt wird, kann das Gericht anordnen, daß eine früher erkannte Strafe, die nicht vollzogen ist, fortfällt. Eine solche Anordnung muß getroffen werden, wenn durch das erste Urteil auf eine Freiheitsstrafe erkannt war und das spätere Urteil auf Jugendgefängnis, Arbeitshaus oder Sicherungsverwahrung lautet und eine Tat betrifft, die vor dem früheren Urteil begangen worden ist. In diesem Fall ist die Zeit, in der der Verurteilte auf Grund des früheren Urteils eine Gefängnisstrafe verbüßt hat, auf den in den §§ 42, 63 und 66 für den Aufenthalt im Jugendgefängnis, im Arbeitshaus oder in Sicherungsverwahrung bestimmten Zeitraum anzurechnen. Hat er eine Haftstrafe verbüßt, so ist diese nach § 90 Abs. 3 in eine Gefängnisstrafe umzuwandeln und alsdann in Übereinstimmung mit der vorstehenden Bestimmung anzurechnen.

§ 90

* Muß jemand eine Gefängnisstrafe in Verbindung mit einer Haftstrafe verbüßen, so kann diese auf Anordnung der Strafvollstreckungsbehörde in Gefängnis umgewandelt werden.

Abs. 2. Ist eine nach dem Gesetz zulässige Erhöhung der Strafe innerhalb der für die vorgesehene Strafart gezogenen Grenzen nicht möglich, so ist die Strafe in die nächst strengere Strafart umzuwandeln. In den Fällen, in denen eine Erhöhung der gewöhnlichen, für eine Straftat vorgesehenen Strafe zulässig ist, kann aber auf Haft bis zu 3 Jahren und auf zeitiges Gefängnis bis zu 20 Jahren erkannt werden.

* Abs. 3. Bei der Umwandlung von Haft in Gefängnis nach den Vorschriften der Abs. 1 und 2 sind 2 Tage Gefängnis gleich 3 Tagen Haft zu rechnen.

§ 91

Wenn die für eine Handlung vorgesehene Strafe Haft nicht übersteigt, kann an Stelle von Haft auf Gefängnis bis zur gleichen Höhe erkannt werden, wenn der Schuldige schon einmal eine Gefängnisstrafe verbüßt hat.

* Abs. 2. Wer noch nicht 21 Jahre alt ist, kann zu einer Geld- oder Haftstrafe verurteilt werden, auch wenn diese Strafarten für die betreffende Straftat nicht vorgesehen sind.

11. Kapitel

Fortfall der Rechtsfolgen der strafbaren Handlung

§ 92

Die strafrechtliche Verantwortung fällt fort

1. durch den Tod des Schuldigen, vgl. hierzu § 52 Abs. 4,

2. durch Erlaß seitens des Verletzten,

bis zum Schluß der Verhandlung, wenn die Straftat im Wege der Privatklage verfolgt wird, oder

bis zur Stellung des Strafantrages, wenn die Tat nur auf Antrag des Verletzten öffentlich verfolgt wird,

3. bei Zuwiderhandlungen gegen dieses Gesetz durch Verjährung in Gemäßheit der Bestimmungen der §§ 93 und 94, jedoch mit der Maßgabe, daß die strafrechtliche Verantwortung für die im 16. Kapitel und in den §§ 296 Abs. 1 Ziffer 2 und 3, Abs. 2 und 297 genannten Straftaten nicht verjährt. Bei anderen Straftaten, für die keine besonderen Vorschriften über Verjährung erlassen sind, hat das Gericht, wenn die Voraussetzungen für eine Verjährung nach den erwähnten Bestimmungen vorliegen, zu entscheiden, ob die strafrechtliche Verantwortung fortfallen kann. Die strafrechtliche Verantwortung für Zuwiderhandlungen gegen Gesetze über öffentliche Steuern und Abgaben, wodurch geschuldete Leistungen der öffentlichen Hand entzogen werden sollen, verjährt aber nur beim Vorliegen einer ausdrücklichen Bestimmung.

§ 93

Die Verjährungsfrist beträgt

1. 2 Jahre, wenn die wegen der Straftat verschuldete Strafe Geldstrafe oder Haft bis zu 2 Jahren nicht übersteigen würde,

2. 5 Jahre, wenn die Strafe Haft von mehr als 2 Jahren oder Gefängnis bis zu 1 Jahre betragen würde, und

3. 10 Jahre, wenn die Strafe höher sein würde, die höchste für die Tat vorgesehene Strafe aber 6 Jahre Gefängnis nicht übersteigt.

Abs. 2. Hat jemand mehrere Straftaten begangen, für die die strafrechtliche Verantwortung nach Abs. 1 verjährt sein würde, wenn jede Tat für sich beurteilt würde, so tritt die Verjährung nur ein, wenn die für alle Straftaten verschuldete gemeinsame Strafe die in Abs. 1 festgesetzten Grenzen nicht überschreitet.

Abs. 3. Ist die strafrechtliche Verantwortung für eine Straftat hiernach nicht verjährt, sind aber seit Begehung der Tat 10 Jahre verstrichen, so entscheidet der Justizminister, ob die Tat verfolgt werden soll.

§ 94

Der Lauf der Verjährungsfrist beginnt mit dem Tage, an dem die strafbare Tätigkeit oder Unterlassung aufhört. Ist die Strafbarkeit der Handlung aber von einem späteren Ereignis abhängig, so beginnt der Lauf der Verjährungsfrist erst mit dessen Eintritt. Die Frist wird durch jede richterliche Handlung unterbrochen, durch die der Betreffende als Beschuldigter bezeichnet wird. Wird die begonnene Verfolgung für unbestimmte Zeit eingestellt, so läuft die Verjährung weiter, wie wenn keine Verfolgung stattgefunden hätte. Beruht die Einstellung aber darauf, daß der Beschuldigte sich der Verfolgung entzogen hat, so wird die Zeit der Verfolgung nicht in die Verjährungsfrist eingerechnet.

Abs. 2. Ist die strafbare Handlung auf einem dänischen Schiff im Ausland begangen, so läuft die Frist erst von dem Tage an, an dem das Schiff in einem dänischen Hafen oder an einem Ort eintrifft, an dem sich ein dänisches Konsulat befindet, jedoch mit der Maßgabe, daß der Beginn der Frist nicht länger als 1 Jahr gehemmt ist.

§ 95

* Ist die strafrechtliche Verantwortung durch Verjährung fortgefallen, so können die in den §§ 62—75 bezeichneten Maßregeln nicht angeordnet und die im § 79 bezeichneten Rechte nicht aberkannt werden.

Abs. 2. Die in den §§ 62—75 bezeichneten Sicherungsmaßregeln dürfen nicht mehr angeordnet werden, wenn seit der Begehung der betreffenden Handlung 10 Jahre verstrichen sind.

* § 96[18a])

Das Recht zur Privatklage oder zum Antrag auf öffentliche Klage erlischt, wenn nicht binnen 3 Monaten, nachdem der Berechtigte Kenntnis von dem Täter erlangt hat, die Klage erhoben oder der Antrag gestellt ist. Sind mehrere Schuldige vorhanden, so wird die Frist für jeden von ihnen gesondert gerechnet. Ist die Frist für den Antrag auf öffentliche Klage gegen einen, aber nicht gegen die übrigen Schuldigen versäumt, so entscheidet die Anklagebehörde, ob

[18a]) § 96 ist an die Stelle des bisherigen § 29, § 97 an die Stelle des bisherigen § 96 getreten — s. d. Vorbemerkung.

einem Strafantrag gegen diese stattzugeben ist. Das Recht zur Erhebung der Privatklage oder zum Antrag auf öffentliche Klage erlischt ferner mit Ablauf von 3 Monaten seit dem Tode des Verletzten.

Abs. 2. Führt ein Privatklageverfahren nicht zu einem Ausspruch über die Strafe, so läuft die Frist mit der Maßgabe weiter, daß die Zeit, während der die Verfolgung stattgefunden hat, nicht mitgerechnet wird.

* § 97[18a])

Eine Geld- oder Haftstrafe sowie eine Gefängnisstrafe bis zu 1 Jahre kann nach Ablauf von 5 Jahren nicht mehr vollstreckt werden. Nach Ablauf von 10 Jahren kann ein Strafurteil nur auf Anordnung des Justizministers vollstreckt werden.

Abs. 2. In diese Fristen wird die Zeit nicht eingerechnet, während der der Vollzug der Strafe nach § 56 ausgesetzt war oder wegen der Verbüßung einer Freiheitsstrafe oder der Unterbringung im Arbeitshaus, in der Verwahrungsanstalt oder in einer Trinkerheilanstalt nicht begonnen werden konnte.

Besonderer Teil

12. Kapitel

Straftaten gegen die Selbständigkeit und Sicherheit des Staates[19])

§ 98

Wer eine Handlung begeht, die darauf abzielt, mit ausländischem Beistand, durch Anwendung von Gewalt[20]) oder durch Drohung damit den dänischen Staat oder einen Teil desselben unter fremde Botmäßigkeit zu bringen oder einen Teil des Staates loszureißen, wird mit Gefängnis bis zu lebenslänglicher Dauer bestraft.

Abs. 2. Nach Abs. 1 wird auch derjenige bestraft, der zu dem genannten Zweck umfassendere Sabotage, Produktions- oder Verkehrsunterbrechungen vornimmt, sowie derjenige, der an einer solchen Veranstaltung teilnimmt, wenn er den Zweck der Handlung kennt.

§ 99

Wer eine Handlung begeht, die darauf abzielt, den dänischen Staat oder einen mit ihm für den Kriegsfall verbündeten Staat in einen Krieg, eine Besetzung oder andere Feindseligkeiten wie Blokkade oder andere Zwangsmaßnahmen zu verwickeln, oder wer sonst dafür tätig ist, daß die Handlungsfreiheit des dänischen Staates mit

---

[19]) Vgl. hierzu das Gesetz Nr. 227 vom 7. Juni 1952 über die Verhängung der Todesstrafe für gewisse, während eines Krieges oder einer feindlichen Besetzung begangene Handlungen, das folgenden Wortlaut hat:

§ 1

Wer während eines Krieges oder einer Besetzung, vgl. § 99 Abs. 2 des bürgerlichen Strafgesetzbuchs, eine der in den §§ 98, 99, 102 Abs. 3, 111 und 237 des bürgerlichen Strafgesetzbuchs genannten Straftaten zur Förderung feindlicher Interessen und unter im übrigen erschwerenden Umständen begeht, kann zum Tode verurteilt werden.

Abs. 2. Gegen Jugendliche, die bei Begehung der strafbaren Handlung das 21. Lebensjahr noch nicht vollendet hatten, kann die Todesstrafe nicht auf Grund dieser Bestimmung verhängt werden.

§ 2

Die näheren Bestimmungen über den Vollzug der Todesstrafe werden durch königl. Anordnung getroffen.

[20]) Wörtlich „Macht". Ebenso §§ 111, 113 Abs. 1, 114 Abs. 1, 118 Abs. 1.

ausländischem Beistand beeinträchtigt wird, wird mit Gefängnis bis zu lebenslänglicher Dauer bestraft.

Abs. 2. Unter Besetzung ist hier und sonst in den Kapiteln 12 und 13[21]) eine fremde Besetzung dänischen Staatsgebiets zu verstehen, wenn und solange sie dem Lande durch Anwendung von Gewalt oder durch Drohung damit aufgezwungen wird.

§ 100

Wer durch öffentliche Äußerungen zu feindlichen Maßnahmen gegen den dänischen Staat anreizt, oder wer eine offensichtliche Gefahr für solche Maßnahmen herbeiführt, wird mit Gefängnis bis zu 6 Jahren bestraft.

Abs. 2. Wer durch öffentliche Äußerungen zur Einmischung einer fremden Macht in die Angelegenheiten des dänischen Staates anreizt, oder wer eine offensichtliche Gefahr für solche Einmischung herbeiführt, wird mit Haft oder Gefängnis bis zu 1 Jahre oder bei mildernden Umständen mit Geldstrafe bestraft.

§ 101

Wer mit Krieg, Besetzung oder anderen Feindseligkeiten vor Augen eine Handlung begeht, durch die Beistand für den Feind vorbereitet wird, wird mit Gefängnis bis zu 16 Jahren bestraft.

§ 102

Wer während eines Krieges oder einer Besetzung dem Feinde mit Rat oder Tat Beistand leistet oder die Kampfkraft des dänischen Staates oder seines Bundesgenossen zur Förderung feindlicher Interessen schwächt, wird mit Gefängnis bis zu 16 Jahren bestraft.

Abs. 2. Als Beistand für den Feind sind demnach folgende Handlungen anzusehen:

1. Dienstleistung in den bewaffneten Formationen einer feindlichen Kriegs- oder Besatzungsmacht oder in den in Verbindung mit diesen tätigen militärischen oder polizeilichen Korps oder ähnlichen Korps oder Organisationen, oder Werbung dazu.

2. Ausübung ziviler Funktionen im Polizei- oder Gefängniswesen einer feindlichen Kriegs- oder Besatzungsmacht, soweit sie sich auf Teilnahme an der Vernehmung oder Bewachung von Gefangenen erstrecken.

3. Denunziation oder ähnliche Teilnahme daran, daß jemand von einer feindlichen Behörde oder einer mit ihr zusammenarbeitenden Organisation oder Person festgenommen oder der Gefahr einer Festnahme oder Schädigung ausgesetzt wird.

4. Propaganda für eine feindliche Kriegs- oder Besatzungsmacht, einschließlich der Tätigkeit als Herausgeber, Redakteur oder Ge-

---

[21]) Redaktionsversehen. Im Kap. 13 kommt Besetzung nicht vor.

schäftsführer einer Tageszeitung, einer Zeitschrift, eines Verlages oder eines Pressebüros, die für die Förderung feindlicher Interessen arbeiten.

5. Gewährung wesentlicher wirtschaftlicher Unterstützung zur Förderung von Propaganda der in Ziffer 4 genannten Art oder an eine Partei oder Organisation, die in ungebührlicher Weise mit der feindlichen Kriegs- oder Besatzungsmacht zusammenarbeitet oder für die Förderung ihrer Interessen tätig ist.

Abs. 3. Hat der Täter eine Denunziation, vgl. Abs. 2 Ziffer 3, in der Erkenntnis begangen, daß ein anderer dadurch der unmittelbar drohenden Gefahr ausgesetzt wurde, das Leben zu verlieren, ernstlichen Schaden an Körper oder Gesundheit zu erleiden, deportiert oder für längere Zeit der Freiheit beraubt zu werden, oder hat er zur Erzwingung einer Erklärung oder eines Geständnisses oder sonst im Verfolg einer Mißhandlung von Gefangenen eine Zuwiderhandlung gegen die §§ 245, 246 oder 250 begangen, so kann auf lebenslängliches Gefängnis erkannt werden.

§ 103

Wer während — oder bei drohender Gefahr — eines Krieges oder einer Besetzung einen Vertrag nicht erfüllt, der die vom dänischen Staat aus diesem Anlaß getroffenen Maßnahmen betrifft, oder wer auf andere Weise solchen Maßnahmen entgegenarbeitet, wird mit Haft oder Gefängnis bis zu 3 Jahren bestraft.

Abs. 2. Beruht die Nichterfüllung auf grober Fahrlässigkeit, so ist die Strafe Geldstrafe oder Haft.

§ 104

Wer zu Zwecken des Erwerbes in ungebührlicher Weise mit einer feindlichen Kriegs- oder Besatzungsmacht direkt oder durch Zwischenpersonen zusammenarbeitet, wird mit Geldstrafe, Haft oder Gefängnis bis zu 8 Jahren bestraft.

Abs. 2. Jeder, der in dem betreffenden Betrieb eine leitende Stellung eingenommen hat, kann nach Abs. 1 strafrechtlich zur Verantwortung gezogen werden. Auch andere im Betriebe beschäftigte Personen können strafrechtlich zur Verantwortung gezogen werden, wenn sie besonders anstößig aufgetreten sind.

Abs. 3. Bei der Entscheidung, ob und in welchem Maße das Verhalten als ungebührlich anzusehen ist, ist außer der Bedeutung des Betriebes für die feindliche Kriegs- oder Besatzungsmacht namentlich zu berücksichtigen, inwieweit der Betreffende

1. für die Anbahnung, Fortsetzung oder Erweiterung der Geschäftsverbindung selbst aktiv tätig war,

2. im Interesse des Feindes aus eigener Initiative eine Umlegung des

Betriebes vorgenommen oder eine größere oder schnellere Produktion, als erforderlich, geleistet oder zu leisten versucht hat,

3. zur Förderung seiner Interessen den Beistand des Feindes gegenüber dänischen Behörden angerufen hat,

4. dänische Behörden daran gehindert oder zu hindern versucht hat, vollen Einblick in die Verhältnisse des Betriebes zu erlangen, oder

5. einen unangemessenen Verdienst oder andere Vorteile, die geschäftlich nicht angemessen begründet waren, erlangt oder zu erlangen versucht hat.

§ 105

Wer während einer Besetzung eine Handlung begeht, die darauf abzielt, die Besatzungsmacht oder eine mit ihr zusammenarbeitende Organisation oder Person zur Beeinträchtigung der Handlungsfreiheit dänischer Behörden zu veranlassen, oder wer seine Beziehungen zur Besatzungsmacht oder einer mit ihr zusammenarbeitenden Organisation oder Person in ungebührlicher Weise ausnutzt, um sich oder anderen einen besonderen Vorteil zu verschaffen, wird mit Gefängnis bis zu 8 Jahren bestraft.

§ 106

Wer bei der Wahrnehmung eines ihm übertragenen Auftrages, für den Staat mit einem fremden Staat zu verhandeln oder ein Abkommen zu treffen, gegen die Interessen des Staates handelt, wird mit Gefängnis bis zu 16 Jahren bestraft.

§ 107

Wer im Dienste einer fremden Macht oder Organisation oder zum Gebrauch für Personen, die in solchem Dienste tätig sind, Umstände, die mit Rücksicht auf Interessen des dänischen Staates oder der dänischen Allgemeinheit geheimzuhalten sind, ausspäht oder darüber Mitteilungen macht, wird ohne Rücksicht darauf, ob die Mitteilung richtig ist oder nicht, wegen Spionage mit Gefängnis bis zu 16 Jahren bestraft.

Abs. 2. Handelt es sich um die im § 109 genannten Umstände, oder wird die Handlung während eines Krieges oder einer Besetzung begangen, so kann auf Gefängnis bis zu lebenslänglicher Dauer erkannt werden.

§ 108

Wer abgesehen von den Fällen des § 107 eine Handlung begeht, durch die ein fremdes Nachrichtenwesen in den Stand gesetzt oder dabei unterstützt wird, unmittelbar oder mittelbar auf dänischem Staatsgebiet tätig zu werden, wird mit Gefängnis bis zu 6 Jahren bestraft.

Abs. 2. Handelt es sich um Nachrichten über militärische Angelegenheiten, oder findet die Tätigkeit während eines Krieges oder einer Besetzung statt, so kann auf Gefängnis bis zu 12 Jahren erkannt werden.

§ 109

Wer geheime Verhandlungen, Beratungen oder Beschlüsse des Staates in Angelegenheiten, auf denen seine Sicherheit oder seine Rechte gegenüber fremden Staaten beruhen oder die erhebliche wirtschaftliche Interessen der Allgemeinheit gegenüber dem Ausland berühren, verrät oder Mitteilungen darüber weitergibt, wird mit Gefängnis bis zu 12 Jahren bestraft.

Abs. 2. Bei fahrlässiger Begehung ist die Strafe Haft oder Gefängnis bis zu 3 Jahren oder bei mildernden Umständen Geldstrafe.

§ 110

Wer eine Urkunde oder einen anderen Gegenstand, der für die Sicherheit des Staates oder für seine Rechte gegenüber fremden Staaten von Bedeutung ist, verfälscht, zerstört oder beiseiteschafft, wird mit Gefängnis bis zu 16 Jahren bestraft.

Abs. 2. Bei fahrlässiger Begehung ist die Strafe Haft oder Gefängnis bis zu 3 Jahren oder bei mildernden Umständen Geldstrafe.

§ 110 a

Mit Geldstrafe, Haft oder bei erschwerenden Umständen mit Gefängnis bis zu 3 Jahren wird bestraft, wer ohne ordnungsmäßige Erlaubnis vorsätzlich oder fahrlässig

1. nicht allgemein zugängliche dänische Verteidigungsanlagen, Depots, Einheiten, Waffen, Material usw. beschreibt, photographiert oder sonst abbildet oder wer solche Beschreibungen oder Abbildungen vervielfältigt oder veröffentlicht,

2. über dänischem Staatsgebiet von Flugzeugen aus Photographien aufnimmt oder derartige unerlaubt aufgenommene Photographien veröffentlicht,

3. Bestimmungen veröffentlicht, die die Mobilisierung und andere Arten von Kriegsbereitschaft dänischer Streitkräfte betreffen.

§ 110 b

Mit Gefängnis bis zu 8 Jahren wird bestraft, wer an Neutralitätsverletzungen einer fremden Macht gegen den dänischen Staat teilnimmt.

§ 110 c

Mit Geldstrafe, Haft oder bei erschwerenden Umständen mit Gefängnis bis zu 3 Jahren wird bestraft, wer vorsätzlich oder fahrlässig

Bestimmungen oder Verboten zuwiderhandelt, die auf Grund von Gesetzen zum Schutze von Verteidigungs- oder Neutralitätsmaßnahmen des Staates oder zur Durchführung seiner Verpflichtungen als Mitglied der Vereinten Nationen erlassen worden sind.

§ 110 d

Wird eine in den Kapiteln 25, 26 und 27 behandelte Straftat gegen ein fremdes Staatsoberhaupt oder gegen den Leiter einer fremden diplomatischen Mission begangen, so kann die dort vorgesehene Strafe bis um die Hälfte erhöht werden.

§ 110 e

* Mit Geldstrafe, Haft oder bei erschwerenden Umständen mit Gefängnis bis zu 2 Jahren wird bestraft, wer eine fremde Nation, einen fremden Staat, dessen Flagge oder anerkanntes Nationalitätszeichen anderer Art oder die Flagge der Vereinten Nationen oder des Europa-Rats öffentlich verhöhnt.

§ 110 f

Die in diesem Kapitel behandelten Straftaten unterliegen in allen Fällen öffentlicher Verfolgung, die auf Anordnung des Justizministers stattfindet.

13. Kapitel

Straftaten gegen die Staatsverfassung und die obersten Staatsbehörden usw.

§ 111

Wer eine Handlung begeht, die darauf abzielt, mit ausländischem Beistand, durch Anwendung von Gewalt oder durch Drohung damit die Staatsverfassung zu verändern oder außer Kraft zu setzen, wird mit Gefängnis bis zu lebenslänglicher Dauer bestraft.

§ 112

Wer eine Handlung begeht, die darauf abzielt, den König oder den verfassungsmäßigen Regenten des Lebens zu berauben, wird mit Gefängnis nicht unter 6 Jahren bestraft.

§ 113

Wer die Sicherheit oder Freiheit des Reichstages antastet oder sonst eine Handlung begeht, die darauf abzielt, dem Reichstag durch Anwendung von Gewalt oder durch Drohung damit einen Beschluß abzuzwingen oder ihn an der freien Ausübung seiner Tätigkeit zu hindern, wird mit Gefängnis bis zu 16 Jahren oder bei erschwerenden Umständen mit lebenslänglichem Gefängnis bestraft.

Abs. 2. Gleiche Strafe trifft denjenigen, der in entsprechender Weise den König oder den verfassungsmäßigen Regenten oder die Minister, das Reichsgericht[22]) oder den Obersten Gerichtshof angreift oder einen Zwang auf sie ausübt.

§ 114

Wer an einem Korps, einer Gruppe oder Vereinigung, deren Zweck es ist, durch Anwendung von Gewalt Einfluß auf öffentliche Angelegenheiten zu üben oder Störungen der allgemeinen Ordnung hervorzurufen, teilnimmt oder ihnen wesentliche Unterstützung wirtschaftlicher oder anderer Art gewährt, wird mit Gefängnis bis zu 6 Jahren bestraft.

Abs. 2. Wer an einer verbotenen militärischen Organisation oder Gruppe teilnimmt, wird mit Geldstrafe oder Haft oder bei erschwerenden Umständen mit Gefängnis bis zu 2 Jahren bestraft.

§ 115

Wird abgesehen von den Fällen der §§ 112 und 113 eine in den Kapiteln 25, 26 und 27 behandelte Straftat gegen den König oder den verfassungsmäßigen Regenten begangen, so sind die in diesen Bestimmungen vorgesehenen Strafen bis auf das Doppelte zu erhöhen.

Abs. 2. Wird eine dieser Straftaten gegen die Königin, die Königinwitwe oder den Thronfolger begangen, so kann die Strafe bis um die Hälfte erhöht werden.

§ 116

Wer die Vornahme von Wahlen zum Reichstag, zum färöischen Lagting oder zu kommunalen oder anderen öffentlichen Körperschaften oder Behörden verhindert oder zu verhindern versucht oder wer den Ausfall einer Wahl verändert oder die Feststellung des Ergebnisses unmöglich macht, wird mit Gefängnis bis zu 6 Jahren bestraft.

Abs. 2. Gleiche Strafe tritt ein, wenn derartige Handlungen bei auf Gesetz beruhenden unmittelbaren Abstimmungen in öffentlichen Angelegenheiten begangen werden.

§ 117

Mit Haft oder mit Gefängnis bis zu 2 Jahren oder bei mildernden Umständen mit Geldstrafe wird bestraft, wer bei den im § 116 bezeichneten Wahlen oder Abstimmungen

1. sich oder anderen unberechtigt die Teilnahme an der Abstimmung verschafft,

2. einen anderen durch Nötigung (§ 260), Freiheitsberaubung oder Mißbrauch eines Vorgesetztenverhältnisses zu veranlassen sucht, in

---

[22]) Der nach § 67 der Verfassung für die Ministeranklage usw. zuständige Staatsgerichtshof.

einem bestimmten Sinne zu stimmen oder sich der Stimme zu enthalten,

3. durch Täuschung bewirkt, daß ein anderer sich gegen seine Absicht der Stimme enthält oder daß seine Stimme ungültig wird oder anders als beabsichtigt wirkt,

4. einen Vermögensvorteil gewährt, verspricht oder anbietet, um einen anderen zu beeinflussen, in einem bestimmten Sinne zu stimmen oder sich der Stimme zu enthalten,

5. einen Vermögensvorteil annimmt, fordert oder sich versprechen läßt, um in einem bestimmten Sinne zu stimmen oder sich der Stimme zu enthalten.

§ 118

Wer öffentliche Behörden durch Anwendung von Gewalt oder durch Drohung damit oder unter Ausnutzung von Furcht vor dem Eingreifen einer fremden Macht an der freien Ausübung ihrer Tätigkeit hindert oder zu hindern sucht, wird, wenn die Handlung zu dem Zweck begangen wird, Einfluß auf öffentliche Angelegenheiten zu üben oder Störungen der allgemeinen Ordnung hervorzurufen, mit Gefängnis bis zu 12 Jahren bestraft.

Abs. 2. Gleiche Strafe trifft denjenigen, der in der im Abs. 1 bezeichneten Absicht und mit den dort genannten Mitteln das Recht der freien Meinungsäußerung ernstlich beeinträchtigt oder Vereine oder andere Vereinigungen an der freien Ausübung ihrer rechtmäßigen Tätigkeit hindert.

Abs. 3. Gleiche Strafe trifft ferner denjenigen, der in der im Abs. 1 bezeichneten Absicht und mit den dort genannten Mitteln die im § 193 genannte Straftat oder eine ähnliche gemeinschädliche Handlung begeht.

§ 118a

Die in den §§ 111—115 und 118 behandelten Straftaten unterliegen in allen Fällen öffentlicher Verfolgung, die auf Anordnung des Justizministers stattfindet.

§ 118b

Wird jemand wegen einer nach den Kapiteln 12 und 13 strafbaren Handlung zu einer Gefängnisstrafe von 2 Jahren oder mehr verurteilt, so kann im Urteil angeordnet werden, daß sein Vermögen und ihm zustehende Zins- oder Einkommenserträge ganz oder zum Teil zugunsten der Staatskasse einzuziehen sind.

Abs. 2. Verfügungen, die jemand mit einer drohenden Einziehung vor Augen in der dem Vertragsgegner erkennbaren Absicht vorgenommen hat, seine Mittel dadurch gegen die Einziehung zu sichern, sind ungültig.

14. Kapitel

Straftaten gegen die öffentliche Gewalt

§ 119

Wer mit Gewalt oder durch Bedrohung mit Gewalt jemanden, dem es obliegt, auf Grund öffentlichen Amtes oder Auftrages zu handeln, während der Ausübung des Amtes oder Auftrages oder aus Anlaß derselben angreift[23]), oder wer auf die gleiche Weise eine solche Person an der Vornahme einer rechtmäßigen Amtshandlung zu hindern oder zur Vornahme einer Amtshandlung zu nötigen sucht, wird mit Haft oder mit Gefängnis bis zu 6 Jahren, bei mildernden Umständen mit Geldstrafe bestraft.

Abs. 2. Gleiche Strafe trifft denjenigen, der abgesehen von den Fällen des Abs. 1 jemandem, dem von Amtswegen richterliche Gewalt oder die Befugnis übertragen ist, über Rechtsverhältnisse oder bei der Handhabung der staatlichen Strafgewalt Entscheidungen zu treffen, aus Anlaß der Ausübung des Amtes oder Auftrages Gewalt, Freiheitsberaubung oder Beschuldigung wegen strafbaren oder ehrenrührigen Verhaltens androht oder der auf die gleiche Weise eine solche Person an der Vornahme einer rechtmäßigen Amtshandlung zu hindern oder zur Vornahme einer Amtshandlung zu nötigen sucht.

Abs. 3. Wer abgesehen hiervon den genannten Personen bei der Ausübung ihres Amtes oder Auftrages Hindernisse in den Weg legt, wird mit Haft oder Geldstrafe oder bei erschwerenden Umständen mit Gefängnis bis zu 6 Monaten bestraft.

§ 120

Die im § 119 vorgesehenen Strafen finden, wenn die dort genannten Handlungen durch einen Auflauf unterstützt werden, auf diejenigen, die zum Auflauf anstiften oder ihn leiten, sowie auf die Teilnehmer Anwendung, die einer rechtmäßig verkündeten Aufforderung der Obrigkeit an die Menge, auseinanderzugehen, nicht nachkommen.

§ 121

Wer eine der im § 119 genannten Personen während der Ausübung ihres Amtes oder Auftrages oder aus Anlaß derselben mit Verhöhnungen, Schimpfworten oder anderem beleidigenden Verhalten angreift[24]), wird mit Geldstrafe oder Haft oder mit Gefängnis bis zu 6 Monaten bestraft.

---

[23]) Wörtlich: überfällt.

[24]) Wörtlich: mit anderer beleidigender Anrede überfällt.

§ 122

Wer jemandem, der in öffentlichem Amt oder Auftrag tätig ist, Geschenke oder andere Vorteile gewährt, verspricht oder anbietet, um ihn zu einer Handlung oder Unterlassung zu veranlassen, durch die er sich einer Pflichtwidrigkeit schuldig machen würde, wird mit Gefängnis bis zu 3 Jahren oder bei mildernden Umständen mit Haft oder Geldstrafe bestraft.

§ 123

* Verabreden Gefangene, die eine Freiheitsstrafe verbüßen oder im Arbeitshaus oder in der Verwahrungsanstalt (§ 67) untergebracht sind, gemeinschaftlich zu entweichen, so werden sie mit Gefängnis bis zu 3 Jahren bestraft.

§ 124

Wer einen vorläufig Festgenommenen, Verhafteten[25]) oder zwangsweise Untergebrachten befreit oder ihn zum Entweichen anreizt oder ihm dabei behilflich ist oder den Entwichenen verborgen hält, wird mit Haft oder mit Gefängnis bis zu 2 Jahren oder bei mildernden Umständen mit Geldstrafe bestraft.

Abs. 2. Wer sich mit einem Verhafteten oder zwangsweise Untergebrachten unerlaubt in Verbindung setzt, wird mit Geldstrafe oder bei erschwerenden Umständen mit Haft oder Gefängnis bis zu 3 Monaten bestraft.

§ 125

Mit Geldstrafe, Haft oder mit Gefängnis bis zu 2 Jahren wird bestraft wer

1. jemanden in der Absicht, ihn der Verfolgung wegen einer Straftat oder einer Strafe zu entziehen, verborgen hält, ihm zur Flucht behilflich ist oder ihn für einen anderen ausgibt,

2. Gegenstände, die für eine öffentliche Untersuchung von Bedeutung sind, vernichtet, verändert oder beseiteschafft oder die Spuren einer Straftat verwischt.

Abs. 2. Wer diese Handlungen begeht, um sich oder einen seiner nächsten Angehörigen der Verfolgung oder Strafe zu entziehen, wird nicht bestraft.

§ 126

Wer ein amtlich angebrachtes Siegel oder Zeichen entfernt oder zerstört, wird mit Geldstrafe, Haft oder mit Gefängnis bis zu 6 Monaten bestraft.

---

[25]) Bezieht sich sowohl auf Untersuchungs- wie auf Strafgefangene.

Abs. 2. Mit Geldstrafe oder Haft bis zu 3 Monaten wird bestraft, wer eine amtlich angeschlagene Bekanntmachung entfernt oder beschädigt.

§ 127

Wer sich dem Kriegsdienst[26]) entzieht oder bewirkt oder daran teilnimmt, daß ein Wehrpflichtiger seine Wehrpflicht nicht erfüllt, oder wer einen Wehrpflichtigen oder einen Angehörigen der Kriegsmacht zum Ungehorsam gegen dienstliche Befehle anreizt, wird mit Geldstrafe, Haft oder mit Gefängnis bis zu 2 Jahren bestraft.

Abs. 2. Geschieht dies während — oder bei drohender Gefahr — eines Krieges, so ist die Strafe Gefängnis bis zu 6 Jahren.

§ 128

Wer im dänischen Staat zu fremdem Kriegsdienst wirbt, wird mit Geldstrafe, Haft oder Gefängnis bis zu 2 Jahren bestraft.

§ 129

Wer über Vorgänge bei den im § 116 genannten Wahlhandlungen und Abstimmungen oder über Verhandlungen vertraulichen Charakters von öffentlichen Körperschaften und Behörden unberechtigt öffentliche Mitteilungen macht, wird mit Geldstrafe oder Haft bis zu 3 Monaten oder bei erschwerenden Umständen mit Gefängnis für den gleichen Zeitraum bestraft. Gleiche Strafe trifft denjenigen, der über Verhandlungen von Kommissionen und Ausschüssen, die von der Regierung eingesetzt sind, unberechtigt öffentliche Mitteilungen macht, wenn die Regierung oder die betreffenden Kommissionen oder Ausschüsse beschlossen und öffentlich mitgeteilt haben, daß die Verhandlungen geheim sind.

§ 129 a

Mit Geldstrafe, Haft oder Gefängnis bis zu 2 Jahren wird bestraft, wer bewußt unwahre Berichte oder falsche Zitate von Mitteilungen über tatsächliche Verhältnisse veröffentlicht, die in Gerichtssitzungen oder in Sitzungen des Reichstags, kommunaler oder öffentlicher Körperschaften oder Behörden gemacht worden sind.

Abs. 2. Gleiche Strafe trifft denjenigen, der den Interessen des Landes im Verhältnis zum Ausland dadurch schadet, daß er der Regierung oder einer anderen öffentlichen Behörde bewußt unwahrer Weise öffentlich eine Handlung unterschiebt, die sie nicht vorgenommen hat.

---

[26]) Gilt auch für die militärische Dienstpflicht im Frieden.

§ 130

Wer eine ihm nicht zukommende amtliche Befugnis ausübt, wird mit Geldstrafe, Haft oder bei erschwerenden Umständen mit Gefängnis bis zu 2 Jahren bestraft.

§ 131

Mit Geldstrafe oder Haft bis zu 3 Monaten oder bei erschwerenden Umständen mit Gefängnis in gleicher Höhe wird bestraft, wer öffentlich oder in rechtswidriger Absicht vorgibt, im Besitz einer amtlichen Befugnis oder einer behördlichen Ermächtigung zu einer Tätigkeit zu sein, oder wer ohne behördliche Ermächtigung eine Tätigkeit ausübt, zu der eine solche erforderlich ist, oder eine Tätigkeit weiter ausübt, nachdem ihm das Recht dazu aberkannt ist.

§ 132

* Mit Geldstrafe wird bestraft, wer vorsätzlich oder fahrlässig in rechtswidriger Weise Gebrauch macht

1. von einem Abzeichen oder einer Tracht, die dänischen oder ausländischen öffentlichen Behörden oder Militärpersonen vorbehalten sind,
2. von einem Abzeichen oder einer Bezeichnung, die Personen, Inventar und Material vorbehalten sind, welche zur Hilfeleistung für Verwundete und Kranke im Kriege bestimmt sind,
3. von einem Abzeichen oder Namen für zwischenstaatliche Organisationen.

Abs. 2. Die Vorschrift des Abs. 1 findet entsprechende Anwendung auf Nachahmungen der genannten Abzeichen, Trachten und Bezeichnungen.

§ 132 a

Wer an der Fortsetzung der Tätigkeit eines Vereins teilnimmt, der von der Regierung vorläufig verboten oder durch Urteil aufgelöst ist, wird mit Haft oder Gefängnis bis zu 1 Jahre bestraft. Wer nach dem Verbot oder der Auflösung als Mitglied in einen solchen Verein eintritt, wird mit Geldstrafe oder Haft bestraft.

15. Kapitel

Straftaten gegen die öffentliche Ordnung und den öffentlichen Frieden

§ 133

Wer einen Auflauf mit dem Vorsatz verursacht, Gewalt gegen Personen oder Sachen zu verüben oder damit zu drohen, wird mit Gefängnis bis zu 3 Jahren oder Haft bestraft.

Abs. 2. Gleiche Strafe trifft diejenigen, die als Leiter eines Auflaufs auftreten, bei dem diese Zwecke verfolgt werden, sowie jeden Teilnehmer, der einer rechtmäßig verkündeten Aufforderung der Obrigkeit an die Menge, auseinanderzugehen, nicht nachkommt. Die Strafe für diese Teilnehmer kann aber auf Geldstrafe ermäßigt werden.

Abs. 3. Wird während eines solchen Auflaufs eine zu seinem Zweck gehörende Straftat begangen, so werden die Anstifter oder Leiter des Auflaufs sowie die Teilnehmer an der Straftat mit Gefängnis bis zu 6 Jahren bestraft, soweit die Straftat nicht nach ihrer Art eine höhere Strafe nach sich zieht.

§ 134

Teilnehmer an einem Auflauf, die einer Aufforderung, auseinanderzugehen, nicht nachkommen, obwohl sie wissen, daß diese ordnungsmäßig verkündet worden ist, werden mit Geldstrafe oder Haft bis zu 3 Monaten oder bei erschwerenden Umständen mit Gefängnis für den gleichen Zeitraum bestraft.

§ 134 a

Teilnehmer an einer Schlägerei oder einer anderen schweren Störung der öffentlichen Ruhe und Ordnung werden, wenn sie auf Verabredung oder gemeinschaftlich gehandelt haben, mit Haft oder mit Gefängnis bis zu 6 Monaten bestraft.

§ 135

* Mit Geldstrafe oder Haft bis zu 3 Monaten wird bestraft, wer durch unbegründetes Herbeirufen von Hilfe, Mißbrauch eines Gefahrsignals oder dergleichen das Ausrücken von Polizei, Feuerwehr, Krankenhilfe, See- oder Luftrettungsdienst oder Zivilverteidigung verursacht.

§ 136

Wer, ohne dadurch eine höhere Strafe verwirkt zu haben, öffentlich zu einer Straftat anreizt, wird mit Haft oder mit Gefängnis bis zu 4 Jahren oder bei mildernden Umständen mit Geldstrafe bestraft.

Abs. 2. Wer öffentlich eine im 12. oder 13. Kapitel dieses Gesetzes behandelte Straftat ausdrücklich billigt, wird mit Haft oder mit Gefängnis bis zu 2 Jahren oder bei mildernden Umständen mit Geldstrafe bestraft.

§ 137

Wer die Abhaltung einer rechtmäßigen öffentlichen Versammlung zu verhindern sucht, wird mit Geldstrafe oder Haft oder bei erschwerenden Umständen, namentlich wenn die Handlung mit gewalttätigem oder drohendem Auftreten verbunden war, mit Gefängnis bis zu 2 Jahren bestraft.

Abs. 2. Gleiche Strafe trifft denjenigen, der eine öffentliche Tagung der Kammern des Reichstags, des färöischen Lagtings, kommunaler oder anderer öffentlicher Körperschaften, einen Gottesdienst oder eine andere öffentliche kirchliche Handlung durch Lärm oder Unordnung oder eine Bestattung in ungehöriger Weise stört.

§ 138

Wer sich vorsätzlich oder aus grober Fahrlässigkeit in einen Rausch versetzt, wird mit Geldstrafe oder Haft bestraft, wenn er in diesem Zustand Personen oder erheblichere Vermögenswerte gefährdet. Bei erschwerenden Umständen, namentlich wenn erheblicher Schaden entstanden ist, sowie bei Rückfall kann auf Gefängnis bis zu 6 Monaten erkannt werden.

Abs. 2. Mit Haft oder mit Gefängnis bis zu 4 Monaten wird bestraft, wer einer Auflage nach § 72 Abs. 1 zuwiderhandelt.

Abs. 3. Mit Geldstrafe wird bestraft, wer einer Auflage nach § 72 Abs. 2 zuwiderhandelt.

§ 139

Wer den Grabfrieden stört oder sich der ungehörigen Behandlung einer Leiche schuldig macht, wird mit Geldstrafe oder Haft oder mit Gefängnis bis zu 6 Monaten bestraft.

Abs. 2. Gleiche Strafe trifft denjenigen, der sich der ungehörigen Behandlung von Gegenständen schuldig macht, die zu einer Kirche gehören und zu kirchlichen Zwecken benutzt werden.

§ 140

Wer die Glaubenslehre oder Gottesverehrung einer im Inland rechtmäßig bestehenden Religionsgemeinschaft öffentlich verspottet oder verhöhnt, wird mit Haft oder bei mildernden Umständen mit Geldstrafe bestraft. Die Verfolgung findet nur auf Anordnung des Reichsanwalts statt.

§ 141

Wer weiß, daß eine in den §§ 98, 99, 102, 106, 109, 110, 111, 112 und 113 behandelte Straftat gegen den Staat oder die obersten Staatsbehörden oder eine Straftat geplant wird, die das Leben oder die wirtschaftliche Existenz[27]) eines Menschen oder erhebliche Werte der Allgemeinheit gefährdet, und nicht alles tut, was in seiner Macht steht, um der Tat oder ihren Folgen vorzubeugen, notfalls durch Anzeige bei der Behörde, wird, wenn die Tat begangen oder versucht wird, mit Haft oder mit Gefängnis bis zu 3 Jahren oder bei mildernden Umständen mit Geldstrafe bestraft.

---

[27]) Der Ausdruck „velfærd" = Wohl, Wohlfahrt ist unübersetzbar. Er umfaßt nicht nur vermögensrechtliche, sondern auch ideele Werte, wie z. B. die bürgerliche Achtung. Vgl. §§ 142, 143, 146 Abs. 2, 164 Abs. 3, 216, 266.

Abs. 2. Wer die Vornahme derartiger vorbeugender Handlungen unterläßt, wird nicht bestraft, wenn ihre Vornahme ihn oder seine nächsten Angehörigen einer Gefahr für Leben, Gesundheit oder wirtschaftliche Existenz aussetzen würde.

§ 142

Mit Geldstrafe oder Haft bis zu 3 Monaten wird bestraft, wer es unterläßt, jemandem, dem amtliche Befugnisse zustehen, auf Aufforderung Beistand zur Abwendung eines Unglücks oder einer Straftat zu leisten, die das Leben, die Gesundheit oder die wirtschaftliche Existenz anderer gefährden, obwohl der Beistand ohne Gefahr oder erheblichere Opfer hätte geleistet werden können.

§ 143

Mit Geldstrafe, Haft oder bei erschwerenden Umständen mit Gefängnis bis zu 1 Jahre wird bestraft, wer es unterläßt, Umstände mitzuteilen, die bestimmt dafür sprechen, daß ein wegen einer Straftat Beschuldigter oder Verurteilter unschuldig ist, obwohl dies hätte geschehen können, ohne ihn oder seine nächsten Angehörigen einer Gefahr für Leben, Gesundheit oder wirtschaftliche Existenz oder der Verfolgung für die betreffende Tat auszusetzen.

16. Kapitel

Straftaten in öffentlichem Amt oder Auftrag

§ 144

Wer in Ausübung öffentlichen Amtes oder Auftrags unberechtigt Geschenke oder andere Vorteile annimmt, fordert oder sich versprechen läßt, wird mit Haft oder mit Gefängnis bis zu 6 Jahren, bei mildernden Umständen mit Geldstrafe bestraft.

§ 145

Wer in öffentlichem Amt oder Auftrag tätig ist und aus persönlicher Gewinnsucht Vergütungen für eine Amtshandlung, Steuern oder Abgaben fordert oder annimmt, die nicht geschuldet werden, wird mit Gefängnis bis zu 6 Jahren bestraft. Behält er aus persönlicher Gewinnsucht einen derartigen gutgläubig erhobenen Betrag, nachdem er auf den Fehler aufmerksam geworden ist, so wird er mit Gefängnis bis zu 2 Jahren bestraft.

§ 146

Wer im Besitz richterlicher Gewalt oder einer amtlichen Befugnis ist, in Rechtsverhältnissen, die den einzelnen betreffen, Entscheidungen zu treffen, und bei der Entscheidung oder Behandlung der

Sache eine Ungerechtigkeit begeht, wird mit Gefängnis bis zu 6 Jahren bestraft.

Abs. 2. Hat die Handlung den Verlust der wirtschaftlichen Existenz für jemanden zur Folge gehabt oder war dies beabsichtigt, so ist die Strafe Gefängnis von 3 bis zu 16 Jahren.

§ 147

Wer bei der Handhabung der staatlichen Strafgewalt mitzuwirken hat und dabei ungesetzliche Mittel anwendet, um ein Geständnis oder eine Erklärung zu erlangen, oder eine gesetzwidrige Festnahme, Verhaftung, Durchsuchung oder Beschlagnahme vornimmt, wird mit Geldstrafe oder Haft oder bei erschwerenden Umständen mit Gefängnis bis zu 3 Jahren bestraft.

§ 148

Wer im Besitz richterlicher Gewalt oder einer anderen amtlichen Befugnis ist, Entscheidungen in Rechtsverhältnissen zu treffen, oder wer bei der Handhabung der staatlichen Strafgewalt mitzuwirken hat und es vorsätzlich oder aus grober Fahrlässigkeit unterläßt, bei der Behandlung des Falles oder einzelner Rechtshandlungen oder bei einer Festnahme, Verhaftung, Durchsuchung, Beschlagnahme oder ähnlichen Maßnahmen das gesetzlich vorgeschriebene Verfahren zu beobachten, wird mit Geldstrafe oder Haft bestraft.

§ 149

Wer bei der ihm obliegenden Bewachung eines Gefangenen oder Vollziehung von Strafurteilen einen Beschuldigten entweichen läßt, die Vollziehung des Urteils verhindert oder bewirkt, daß es auf mildere Art als vorgeschrieben vollzogen wird, wird mit Haft oder mit Gefängnis bis zu 3 Jahren oder bei mildernden Umständen mit Geldstrafe bestraft.

§ 150

Wer in öffentlichem Amt oder Auftrag tätig ist und seine Stellung dazu mißbraucht, einen anderen zu einer Handlung, Duldung oder Unterlassung zu nötigen, wird mit Haft oder mit Gefängnis bis zu 3 Jahren bestraft.

§ 151

Wer dazu anreizt oder daran teilnimmt, daß ein ihm in öffentlichem Amt oder Auftrag Untergebener sich in diesem Dienst vergeht, wird ohne Rücksicht darauf, ob der Untergebene bestraft werden kann oder wegen Irrtums oder aus anderen Gründen straflos bleibt, mit der für die betreffende Handlung vorgesehenen Strafe, erhöht bis um die Hälfte, bestraft.

§ 152

Wer in öffentlichem Amt oder Auftrag tätig ist und ein Geheimnis verrät, das er dienstlich erfahren hat oder das durch Gesetz oder andere gültige Vorschriften als solches bezeichnet ist, wird mit Geldstrafe, Haft oder bei erschwerenden Umständen mit Gefängnis bis zu 1 Jahre bestraft. Tut er dies, um sich oder anderen einen unberechtigten Gewinn zu verschaffen, oder benutzt er sonst seine Kenntnis zu diesem Zweck, so kann auf Gefängnis bis zu 3 Jahren erkannt werden.

Abs. 2. Nach diesen Vorschriften wird auch bestraft, wer sich nach dem Ausscheiden aus seiner Stellung in bezug auf Dienstgeheimnisse, die er in seiner Stellung erfahren hat, in dieser Weise vergeht.

Abs. 3. Diese Bestimmungen finden auf Angestellte öffentlich anerkannter Telegrafen- oder Telefonanlagen entsprechende Anwendung.

§ 153

Wer im Dienste der Post oder Eisenbahn Sendungen unerlaubt öffnet, vernichtet oder unterdrückt oder einen anderen hierbei unterstützt, wird mit Haft oder mit Gefängnis bis zu 3 Jahren bestraft.

Abs. 2. Gleiche Strafe trifft denjenigen, der im Dienste des staatlichen Telegrafenwesens oder einer öffentlich anerkannten Telegrafenanlage ein ihm zur Beförderung übergebenes Telegramm vernichtet, verändert oder unterdrückt oder einen anderen hierbei unterstützt.

§ 154

Hat sich jemand in Ausübung öffentlichen Amtes oder Auftrages einer falschen Anschuldigung, eines Beweismitteldelikts, einer Körperverletzung, Freiheitsberaubung, Unterschlagung oder Untreue schuldig gemacht, so kann die für die betreffende Straftat vorgesehene Strafe bis um die Hälfte erhöht werden.

§ 155

Wer sonst seine Stellung in öffentlichem Amt oder Auftrag dazu mißbraucht, private oder öffentliche Rechte zu verletzen, wird mit Geldstrafe oder Haft bestraft. Tut er dies, um sich oder anderen einen unberechtigten Vorteil zu verschaffen, so kann auf Gefängnis bis zu 2 Jahren erkannt werden.

§ 156

Wer in öffentlichem Amt oder Auftrag tätig ist und sich weigert oder es unterläßt, die ihm dienstlich obliegenden Pflichten zu erfüllen oder einem rechtmäßigen dienstlichen Befehl nachzukommen, wird mit Geldstrafe oder Haft bestraft. Diese Bestimmung findet auf Aufträge, deren Ausübung auf öffentlichen Wahlen beruht, keine Anwendung.

§ 157

Gleiche Strafe trifft denjenigen, der in öffentlichem Amt oder Auftrag tätig ist und sich bei der Ausübung des Amtes oder Auftrages oder bei der Erfüllung seiner dienstlichen Pflichten grober oder öfters wiederholter Versäumnisse oder Nachlässigkeiten schuldig macht. Die Vorschrift des § 156 Satz 2 gilt entsprechend.

17. Kapitel

Falsche Erklärung und falsche Anschuldigung

§ 158

* Wer vor Gericht oder vor einer anderen zur Abnahme von Eiden befugten Behörde eine falsche Erklärung abgibt, wird mit Gefängnis bis zu 4 Jahren bestraft.

*[27a]) Abs. 2. Betrifft die falsche Aussage ausschließlich Umstände, die für den aufzuklärenden Sachverhalt ohne Bedeutung sind, so kann die Strafe auf Haft oder Geldstrafe ermäßigt werden.

§ 159

Wer als Beschuldigter in einer öffentlichen Strafsache, oder wer bei der Vernehmung in einem Falle, in dem kraft Gesetzes eine Erklärung nicht verlangt werden darf, eine falsche Erklärung abgibt, wird nicht bestraft.

Abs. 2. Wird bei der Vernehmung durch eine im § 158 genannte Behörde eine falsche Erklärung in einem Falle abgegeben, in dem der Vernommene zur Verweigerung der Aussage berechtigt war, so kann die Strafe herabgesetzt werden und, wenn die Erklärung nicht beeidigt ist, bei im übrigen mildernden Umständen ganz fortfallen.

§ 160

Wer aus grober Fahrlässigkeit eine unrichtige Erklärung abgibt, die anderenfalls nach § 158 oder § 159 Abs. 2 strafbar wäre, wird mit Geldstrafe oder Haft bestraft.

§ 161

Mit Geldstrafe, Haft oder bei erschwerenden Umständen mit Gefängnis bis zu 2 Jahren wird bestraft, wer abgesehen von den Fällen

---

[27a]) Abs. 2 war bisher Abs. 3 und ist unverändert an die Stelle des aufgehobenen Abs. 2 getreten.

des § 158 einer öffentlichen Behörde gegenüber eine falsche Erklärung unter dem Erbieten zum Eide, an Eidesstatt oder in ähnlicher feierlicher Weise abgibt, wenn eine solche Form geboten oder zulässig ist.

* § 162[27b]

Wer sonst einer öffentlichen Behörde gegenüber eine unrichtige Erklärung über einen Sachverhalt abgibt, über den er verpflichtet ist, eine Erklärung abzugeben, wird mit Geldstrafe, Haft bis zu 6 Monaten oder Gefängnis bis zu 4 Monaten bestraft.

§ 163

Die Strafe des § 162 trifft auch denjenigen, der sonst zum Gebrauch in öffentlichen Rechtsverhältnissen eine unrichtige schriftliche Erklärung abgibt oder schriftlich etwas bezeugt, wovon er keine Kenntnis hat.

§ 164

Wer durch falsche Anschuldigung, durch Anzeige oder Erklärung bei Gericht oder Behörde oder durch andere Mittel herbeizuführen sucht, daß ein Unschuldiger wegen einer strafbaren Handlung beschuldigt oder verurteilt wird, wird, wenn diese keine höhere Strafe als Haft von 3 Monaten nach sich ziehen kann, mit Haft oder Gefängnis bis zu 3 Jahren, anderenfalls mit Gefängnis bis zu 6 Jahren bestraft.

Abs. 2. Gleiche Strafe trifft denjenigen, der durch Veränderung oder Beiseiteschaffung von Beweisen oder durch Herbeischaffung falscher Beweise herbeizuführen sucht, daß ein anderer wegen einer strafbaren Handlung beschuldigt oder verurteilt wird.

Abs. 3. Hat die Tat den Verlust der wirtschaftlichen Existenz für jemanden zur Folge gehabt oder war dies beabsichtigt, so ist die Strafe Gefängnis von 2 bis zu 16 Jahren.

Abs. 4. Auf Antrag des Verletzten kann im Urteil bestimmt werden, daß die Urteilsformel und so viel von den Urteilsgründen, wie das Gericht für erforderlich hält, in einer oder mehreren öffentlichen Zeitungen amtlich bekanntzumachen ist.

§ 165

Wer bei der Behörde eine strafbare Handlung anzeigt, die nicht begangen worden ist, oder wer beim König, Reichstag, Gericht oder bei den Behörden falsche Beschwerden einreicht, wird mit Geldstrafe, Haft oder bei erschwerenden Umständen mit Gefängnis bis zu 1 Jahre bestraft.

27b) Der bisherige Abs. 2 ist aufgehoben.

18. Kapitel

Münzdelikte

§ 166

Wer Geld nachmacht oder verfälscht, um es als echtes in Verkehr zu bringen, oder wer in gleicher Absicht sich oder anderen nachgemachtes oder verfälschtes Geld verschafft, wird mit Gefängnis bis zu 12 Jahren bestraft.

Abs. 2. Ist die Verfälschung durch Verringerung des Wertes gangbarer Münze erfolgt, so ist die Strafe Gefängnis bis zu 4 Jahren.

§ 167

Die Ausgabe nachgemachten oder verfälschten Geldes wird ebenso wie das Nachmachen und die Verfälschung bestraft. Hat der Ausgebende das Geld gutgläubig empfangen, so kann die Strafe auf Haft oder Geldstrafe ermäßigt werden.

§ 168

Wer Geld ausgibt, von dem er vermutet, daß es nachgemacht oder verfälscht ist, wird mit Haft oder mit Gefängnis bis zu 3 Jahren bestraft. Hat der Ausgebende das Geld gutgläubig empfangen, so kann die Strafe auf Geldstrafe ermäßigt werden und bei mildernden Umständen ganz fortfallen.

§ 169

Mit Geldstrafe wird bestraft, wer Gegenstände herstellt, einführt oder verbreitet, die nach Form und Aufmachung eine erhebliche äußere Ähnlichkeit mit Geld oder einem zu allgemeinem Umlauf bestimmten Wertpapier aufweisen.

§ 170

Mit Geldstrafe oder Haft bis zu 3 Monaten wird bestraft, wer ohne gesetzliche Befugnis auf den Inhaber lautende Schuldverschreibungen herstellt, einführt oder ausgibt, die dazu bestimmt erscheinen, in engeren oder weiteren Kreisen als Zahlungsmittel von Hand zu Hand verwendet zu werden, oder von denen eine solche Verwendung zu erwarten ist. Ausländische Noten fallen nicht unter diese Bestimmung.

19. Kapitel

Beweismitteldelikte

§ 171

Wer zur Täuschung im Rechtsverkehr von einer falschen Urkunde Gebrauch macht, wird wegen Urkundenfälschung bestraft.

Abs. 2. Unter Urkunde ist eine schriftliche, mit Bezeichnung des

Ausstellers versehene Erklärung zu verstehen, die entweder dazu bestimmt erscheint, als Beweis für ein Recht, eine Verpflichtung oder die Befreiung von einer solchen zu dienen, oder die zu einem solchen Beweis benutzt wird.

Abs. 3. Eine Urkunde ist falsch, wenn sie nicht von dem angegebenen Aussteller herrührt oder wenn ihr ein Inhalt gegeben ist, der nicht von ihm herrührt.

§ 172

Die Strafe für Urkundenfälschung ist Gefängnis. Bezeichnet sich die Urkunde als Entscheidung einer öffentlichen Behörde, oder handelt es sich um eine öffentliche Schuldverschreibung, einen Scheck, einen Wechsel oder eine andere zu allgemeinem Umlauf bestimmte Urkunde oder um eine testamentarische Bestimmung, so kann auf Gefängnis bis zu 8 Jahren erkannt werden.[28])

Abs. 2. Ist die Urkunde nach ihrer Art, oder ist die Verfälschung oder der damit verfolgte Zweck von untergeordneter Bedeutung, oder hat der Schuldige nicht beabsichtigt, einem anderen Schaden zuzufügen, z. B. wenn der alleinige Zweck war, einen berechtigten Anspruch geltendzumachen oder einen unberechtigten abzuwehren, so ist die Strafe Geldstrafe, Haft oder Gefängnis bis zu 1 Jahre.

§ 173

Mit der im § 172 vorgesehenen Strafe wird bestraft, wer zur Täuschung im Rechtsverkehr eine mit einer echten Unterschrift versehene Urkunde benutzt, wenn die Unterschrift unter Ausnutzung eines Irrtums auf einer anderen Urkunde oder auf einer Urkunde anderen Inhalts, als von dem Unterzeichner beabsichtigt, erlangt worden ist.

§ 174

Wer im Rechtsverkehr von einer echten Urkunde in bezug auf einen anderen als denjenigen, den sie wirklich angeht, oder sonst in einer mit der Bestimmung der Urkunde im Widerspruch stehenden Weise Gebrauch macht, wird mit Geldstrafe, Haft oder mit Gefängnis bis zu 6 Monaten bestraft.

§ 175

Wer in der Absicht, im Rechtsverkehr zu täuschen, in öffentlichen Urkunden oder Büchern, oder in privaten Urkunden oder Büchern, die er kraft Gesetzes oder auf Grund eines besonderen Pflichtverhältnisses auszustellen oder zu führen hat, oder in Arzt-, Zahnarzt-, Hebammen- oder Tierarztattesten eine unrichtige Erklärung über einen Sachverhalt abgibt, für den die Erklärung als

---

[28])Wörtlich: so kann die Strafe bis auf 8 Jahre Gefängnis steigen.

Beweis dienen soll, wird mit Haft oder mit Gefängnis bis zu 3 Jahren oder bei mildernden Umständen mit Geldstrafe bestraft.

Abs. 2. Gleiche Strafe trifft denjenigen, der im Rechtsverkehr von einer solchen Urkunde so Gebrauch macht, als enthielte sie die Wahrheit.

§ 176

Mit Gefängnis bis zu 3 Jahren oder bei mildernden Umständen mit Haft wird bestraft, wer in der Absicht, im Handel und Verkehr zu täuschen, von Gegenständen Gebrauch macht, die unberechtigt mit amtlichen Stempeln oder Zeichen versehen sind, die für die Echtheit, Art, Güte oder Menge des Gegenstandes Gewähr leisten sollen.

Abs. 2. Mit Gefängnis bis zu 1 Jahre, mit Haft oder bei mildernden Umständen mit Geldstrafe wird bestraft, wer in gleicher Weise von Gegenständen Gebrauch macht, die unberechtigt mit privaten Stempeln, Zeichen oder anderen Bezeichnungen versehen sind, die dazu dienen, einen den Gegenstand betreffenden Sachverhalt anzugeben, der für Handel und Verkehr von Bedeutung ist.

Abs. 3. Ebenso wird bestraft, wer in gleicher Weise von Gegenständen Gebrauch macht, auf denen rechtmäßig angebrachte Stempel, Zeichen oder Bezeichnungen verändert oder entfernt sind.

§ 177

Mit Gefängnis bis zu 8 Jahren wird bestraft, wer von nachgemachtem oder verfälschtem Stempelpapier, Stempelmarken, anderen zur Entrichtung von öffentlichen Steuern und Abgaben dienenden Marken sowie Postfreimarken Gebrauch macht. Mit einer verhältnismäßig geringeren Strafe wird bestraft, wer von schon einmal benutztem Papier oder Marken Gebrauch macht, auf denen das Zeichen der früheren Benutzung entfernt ist.

Abs. 2. Die Vorschrift des § 169 findet auf Stempelmarken, Postfreimarken und ähnliche Frankierungsmittel entsprechende Anwendung.

§ 178

Mit Gefängnis bis zu 2 Jahren oder bei mildernden Umständen mit Haft wird bestraft, wer in der Absicht, einen anderen um sein Recht zu bringen, ein Beweismittel, das geeignet ist, als solches im Rechtsverkehr benutzt zu werden, vernichtet, beiseiteschafft oder ganz oder teilweise unbrauchbar macht.

§ 179

Wer in der Absicht, über Grenzen von Grundstücken, Grundstücksrechten oder Wasserläufen oder -flächen zu täuschen, einen falschen Grenzstein oder ein anderes derartiges Merkmal setzt oder ein solches Merkmal verrückt, entfernt, verändert oder zerstört, wird mit Gefängnis bis zu 3 Jahren bestraft. Geschieht dies, um einen berechtigten Anspruch zu wahren oder einen unberechtigten abzuwehren, so ist die Strafe Geldstrafe oder Haft.

20. Kapitel

Gemeingefährliche Straftaten

§ 180

Wer in der Erkenntnis, das Leben anderer dadurch einer unmittelbar drohenden Gefahr auszusetzen, oder in der Absicht, umfassende Zerstörungen fremden Eigentums herbeizuführen oder Aufruhr, Plünderungen oder ähnliche Störungen der allgemeinen Ordnung zu fördern, eigenes oder fremdes Eigentum in Brand setzt, wird mit Gefängnis nicht unter 4 Jahren bestraft.

§ 181

Wer abgesehen hiervon fremdes Eigentum in Brand setzt, wird mit Gefängnis von 6 Monaten bis zu 12 Jahren bestraft.

Abs. 2. Gleiche Strafe trifft denjenigen, der in der Absicht, die Feuerversicherung zu betrügen, die Rechte der Pfandgläubiger zu beeinträchtigen oder in ähnlicher rechtswidriger Absicht eigenes Eigentum oder das Eigentum eines anderen mit dessen Einverständnis in Brand setzt.

Abs. 3. Ist der in Brand gesetzte Gegenstand von geringer Bedeutung und ist anzunehmen, daß der Gedanke, es könne durch den Brand ein erheblicher Schaden entstehen, dem Täter ferngelegen hat, so kann die Strafe auf den für Gefängnis vorgesehenen Mindestbetrag ermäßigt werden.

§ 182

Wer durch Fahrlässigkeit einen Brand an fremdem Eigentum oder unter Schädigung fremder Vermögensinteressen verursacht, wird mit Geldstrafe, Haft oder bei erschwerenden Umständen mit Gefängnis bis zu 2 Jahren bestraft.

§ 183

Wer unter Schädigung der Person oder des Vermögens eines anderen eine Sprengung, die Verbreitung schädlicher Gase, eine Überschwemmung, einen Schiffbruch, ein Eisenbahn- oder ein anderes Verkehrsunglück verursacht, wird mit Gefängnis von 6 Monaten bis zu 12 Jahren bestraft.

Abs. 2. Geschieht dies unter den im § 180 genannten Umständen, so ist die Strafe Gefängnis nicht unter 4 Jahren.

Abs. 3. Bei fahrlässiger Begehung ist die Strafe Geldstrafe, Haft oder Gefängnis bis zu 2 Jahren.

§ 184

Mit Gefängnis bis zu 6 Jahren, bei mildernden Umständen mit Haft, wird bestraft, wer, ohne nach § 183 strafbar zu sein, die Betriebssicherheit von Eisenbahnen, Fahrzeugen,[29]) Kraftfahrzeugen oder ähnlichen Transportmitteln oder die Verkehrssicherheit auf öffentlichen Straßen stört.

Abs. 2. Bei fahrlässiger Begehung ist die Strafe Geldstrafe oder Haft.

§ 185

Mit Geldstrafe oder Haft bis zu 6 Monaten wird bestraft, wer es unterläßt, durch rechtzeitige Anzeige oder auf andere, den Umständen nach zweckdienliche Weise einen Brand, eine Sprengung, die Verbreitung schädlicher Gase, eine Überschwemmung, ein See-, Eisenbahn- oder ein ähnliches Unglück, durch das Menschenleben gefährdet werden, nach Kräften abzuwenden, obwohl ihm dies ohne besondere Gefahr oder Opfer für sich oder andere möglich gewesen wäre.

§ 186

Wer das Leben oder die Gesundheit von Menschen dadurch gefährdet, daß er einen allgemeinen Mangel an Trinkwasser hervorruft oder Wasserbehältern, Wasserleitungen oder Wasserläufen gesundheitsschädliche Stoffe zusetzt, wird mit Gefängnis bis zu 10 Jahren bestraft.

Abs. 2. Bei fahrlässiger Begehung ist die Strafe Geldstrafe oder Haft oder bei erschwerenden Umständen Gefängnis bis zu 1 Jahre.

§ 187

Mit Gefängnis bis zu 10 Jahren wird bestraft,

1. wer Dingen, die zum Verkauf oder zu allgemeiner Benutzung bestimmt sind, Gift oder andere Stoffe derart beimischt, daß ihre bestimmungsmäßige Benutzung die Gesundheit von Menschen gefährdet,

2. wer solche Dinge, wenn sie so verdorben sind, daß ihr Genuß oder Gebrauch in der geschilderten Art gesundheitsschädlich ist, einer Behandlung unterzieht, die geeignet ist, ihren verdorbenen Zustand zu verschleiern,

3. wer Dinge, die wie zu 1 oder 2 erwähnt behandelt worden sind,

---

[29]) S. d. Anm. zu § 6.

unter Verschweigung der vorgenommenen Behandlung feilhält oder sonst zu verbreiten sucht.

Abs. 2. Bei fahrlässiger Begehung ist die Strafe Geldstrafe oder Haft oder bei erschwerenden Umständen Gefängnis bis zu 1 Jahre.

§ 188

Wer, ohne nach § 187 Ziffer 3 strafbar zu sein,

1. Nahrungs- oder Genußmittel, die infolge Verderbs, mangelhafter Zubereitung, Aufbewahrung oder aus ähnlichen Gründen gesundheitsschädlich sind,

2. Gebrauchsgegenstände, die die Gesundheit von Menschen bei gewöhnlicher Benutzung gefährden,

unter Verschweigung ihrer gesundheitsschädlichen Beschaffenheit feilhält oder sonst zu verbreiten sucht, wird mit Gefängnis bis zu 6 Jahren oder bei mildernden Umständen mit Haft oder Geldstrafe bestraft.

Abs. 2. Bei fahrlässiger Begehung ist die Strafe Haft oder Geldstrafe.

§ 189

Wer als Heilmittel oder Vorbeugungsmittel gegen Krankheiten Dinge feilhält oder sonst zu verbreiten sucht, von denen er weiß, daß sie zu diesem Zweck ungeeignet sind und daß ihre Benutzung das Leben oder die Gesundheit von Menschen gefährdet, wird mit Gefängnis bis zu 6 Jahren bestraft.

Abs. 2. Bei fahrlässiger Begehung ist die Strafe Haft oder Geldstrafe.

§ 190

Wird unter den in den §§ 186—189 genannten Umständen ausschließlich das Leben oder die Gesundheit von Haustieren gefährdet, so ist auf eine verhältnismäßig mildere Strafe im Rahmen der vorgesehenen Strafarten zu erkennen.

§ 191[30])

§ 192

Wer durch Zuwiderhandlung gegen die Vorschriften, die gesetzlich oder auf Grund von Gesetzen zur Vorbeugung oder Bekämpfung von ansteckenden Krankheiten getroffen sind, eine Gefahr dafür herbeiführt, daß eine solche Krankheit unter Menschen ausbricht oder verbreitet wird, wird mit Haft oder mit Gefängnis bis zu 3 Jahren bestraft.

---

[30]) Aufgehoben. Die Materie ist jetzt im Gesetz Nr. 119 vom 3. Mai 1961 über Gifte und gesundheitsgefährdende Stoffe geregelt.

Abs. 2. Handelt es sich um eine Krankheit, die kraft Gesetzes öffentlich zu behandeln ist oder zur Zeit der Tat öffentlicher Behandlung unterliegt oder gegen deren Einschleppung besondere Maßnahmen getroffen sind, so ist die Strafe Gefängnis bis zu 6 Jahren.

Abs. 3. Wer auf diese Weise eine Gefahr dafür herbeiführt, daß eine ansteckende Krankheit unter Haustieren oder Nutz- und Kulturpflanzen ausbricht oder verbreitet wird, wird mit Haft oder mit Gefängnis bis zu 2 Jahren oder bei mildernden Umständen mit Geldstrafe bestraft.

Abs. 4. Bei fahrlässiger Begehung ist die Strafe Geldstrafe, Haft oder bei erschwerenden Umständen Gefängnis bis zu 6 Monaten.

21. Kapitel

Verschiedene gemeinschädliche Handlungen

§ 193

Wer rechtswidrig umfassende Störungen des Betriebes von allgemeinen Verkehrsmitteln, öffentlicher Postbestellung, allgemein benutzten Telegrafen- oder Telefonanlagen oder von Anlagen verursacht, die der allgemeinen Versorgung mit Wasser, Gas, elektrischem Strom oder Wärme dienen, wird mit Haft oder mit Gefängnis bis zu 3 Jahren oder bei mildernden Umständen mit Geldstrafe bestraft.

Abs. 2. Bei fahrlässiger Begehung ist die Strafe Geldstrafe oder Haft bis zu 6 Monaten.

§ 194

Wer öffentliche Denkmäler oder Gegenstände, die zu allgemeinem Nutzen oder Schmuck bestimmt sind, zu öffentlichen Sammlungen gehören oder besonders geschützt sind, entfernt, zerstört oder beschädigt, wird mit Haft oder mit Gefängnis bis zu 3 Jahren oder bei mildernden Umständen mit Geldstrafe bestraft.

§ 195

* Wer Lebensmittel feilhält, von denen er weiß, daß sie nachgemacht oder verfälscht sind, ohne daß ihre besondere Beschaffenheit auf der Ware selbst oder auf der Etikette oder Verpackung sowie auf der Faktura, wenn eine solche ausgestellt wird, unzweideutig angegeben ist, wird mit Geldstrafe oder Haft bis zu 3 Monaten bestraft.

§ 196[31])

[31]) Aufgehoben. Die Materie ist jetzt im Tierschutzgesetz Nr. 256 vom 27. Mai 1950, ergänzt durch Gesetz Nr. 193 vom 12. Juni 1962, geregelt.

22. Kapitel

Bettelei und schädliche Erwerbstätigkeit

§ 197

Wer trotz polizeilicher Verwarnung bettelt, oder wer bettelt, nachdem er schon einmal wegen Bettelei, Arbeitsscheu, wegen eines Sittlichkeitsdelikts, einer Körperverletzung oder eines Bereicherungsdelikts verurteilt oder gerichtlich verwarnt worden ist oder von der Polizeibehörde eine Verwarnung oder Auflage nach den §§ 198 oder 199 erhalten hat, oder wer andere zum Betteln benutzt oder zuläßt, daß ein zu seinem Hausstand gehöriger Jugendlicher unter 18 Jahren bettelt, wird mit Gefängnis bis zu 6 Monaten bestraft.

Abs. 2. Ist die Handlung aus Not und nicht gewohnheitsmäßig begangen worden, so ist die Strafe Haft und kann bei im übrigen mildernden Umständen ganz fortfallen.

§ 198

Wenn ein Arbeitsfähiger infolge selbstverschuldeten gewohnheitsmäßigen Müßiggangs der öffentlichen Fürsorge zur Last fällt, seine Unterhaltspflichten gegen einen anderen verletzt und ihn dadurch der Not aussetzt oder die ihm obliegenden Beiträge für Frau und Kinder nicht entrichtet, ist er polizeilich zu verwarnen und ihm, soweit möglich, Arbeit anzuweisen.

Abs. 2. Tritt hierauf innerhalb eines Jahres infolge fortgesetzten selbstverschuldeten Müßiggangs erneut ein derartiger Fall ein, so wird er wegen Arbeitsscheu mit Gefängnis bis zu 1 Jahre bestraft.

§ 199

Ergibt sich jemand dem Müßiggang unter solchen Umständen, daß Grund zu der Annahme besteht, er suche sich nicht auf redliche Weise zu ernähren, so ist ihm polizeilich aufzuerlegen, innerhalb einer angemessenen Frist einen redlichen Erwerb zu suchen und ihm, soweit möglich, ein solcher Erwerb nachzuweisen. Kommt er der Auflage nicht nach, so wird er wegen Arbeitsscheu mit der im § 198 vorgesehenen Strafe bestraft.

Abs. 2. Spiel, Unzucht oder Unterstützung durch Frauen, die sich von Unzucht ernähren, gilt nicht als redlicher Erwerb.

§ 200

Ist jemand nach § 198 oder § 199 verurteilt worden, so kann ihn die Polizeibehörde während eines Zeitraums von 5 Jahren seit der endgültigen Entlassung anweisen, zu bestimmten Zeiten zu erscheinen und nachzuweisen, wo er wohnt oder sich aufhält, sowie darüber Auskunft zu geben, wovon er sich ernährt.

Abs. 2. Zuwiderhandlungen gegen eine solche Anweisung werden mit Gefängnis bis zu 4 Monaten bestraft, bei besonders mildernden Umständen mit Geldstrafe.

§ 201

Mit Gefängnis bis zu 6 Monaten, bei Rückfall bis zu 1 Jahre wird bestraft, wer ohne Erlaubnis zurückkehrt, nachdem er nach § 76 über die Grenze gebracht worden ist.

§ 202

Wer gewerbsmäßig die Unkenntnis, den Unverstand oder die Unerfahrenheit eines anderen ausnutzt, um ihn zu Spekulationsgeschäften zu verleiten, wird mit Haft oder mit Gefängnis bis zu 1 Jahre bestraft.

§ 203

Wer aus Glücksspiel, das nicht ausdrücklich erlaubt ist, oder aus Wetten ähnlicher Art oder aus der Förderung solcher Spiele ein Gewerbe macht, wird mit Geldstrafe, Haft oder mit Gefängnis bis zu 1 Jahre bestraft.

Abs. 2. Das Gericht entscheidet, ob der erzielte Gewinn einzuziehen oder zurückzuzahlen ist.

§ 204

Wer öffentlich Räume für unerlaubtes Glücksspiel hergibt oder solches veranstaltet, wird mit Geldstrafe oder mit Haft bis zu 3 Monaten bestraft. Bei Rückfall kann auf ein höheres Maß von Haft oder auf Gefängnis bis zu 6 Monaten erkannt werden.

Abs. 2. Auch Vereinslokale gelten als öffentlich, wenn entweder jedermann oder jeder Angehörige einer bestimmten Gesellschaftsklasse in der Regel in den Verein aufgenommen werden kann oder wenn unerlaubtes Glücksspiel zu den Zwecken des Vereins gehört oder wenn für die Teilnahme am Spiel besonders zu bezahlen ist.

Abs. 3. Wer öffentlich an unerlaubtem Glücksspiel teilnimmt, wird mit Geldstrafe bestraft.

§ 205[32])

§ 206

Wer zu Zwecken des Erwerbes falsche Angaben macht oder sonst betrügerisch verfährt, um einen anderen zur Auswanderung zu verleiten, wird mit Geldstrafe, Haft oder mit Gefängnis bis zu 1 Jahre bestraft.

---

[32]) Aufgehoben. Die Materie ist jetzt im Gesetz Nr. 63 vom 3.. März 1948 über Leistung juristischen Beistandes und Inkasso- und Detektivtätigkeit usw. geregelt.

§ 207[33])

23. Kapitel
Familiendelikte

§ 208

Ein Verheirateter, der eine Ehe eingeht, wird mit Gefängnis bis zu 3 Jahren oder, wenn der andere Teil von dem Bestehen der Ehe keine Kenntnis hatte, mit Gefängnis bis zu 6 Jahren bestraft.

Abs. 2. Wird die Handlung aus grober Fahrlässigkeit begangen, so ist die Strafe Haft oder Gefängnis bis zu 1 Jahre.

Abs. 3. Ein Unverheirateter, der eine Ehe mit einem Verheirateten eingeht, wird mit Haft oder mit Gefängnis bis zu 1 Jahre bestraft.

Abs. 4. Kann die Ehe nicht für nichtig erklärt werden, so kann die Strafe für den Verheirateten stets auf Haft ermäßigt werden und für den Unverheirateten ganz fortfallen.

§ 209

Wer eine Ehe eingeht, die wegen Verwandtschaft der Parteien für nichtig zu erklären ist oder wegen Schwägerschaft für nichtig erklärt werden kann, wird mit Haft oder mit Gefängnis bis zu 2 Jahren bestraft.

Abs. 2. Wird die Ehe nicht für nichtig erklärt, so kann die Strafe bei im übrigen mildernden Umständen ganz fortfallen.

§ 210

* Wegen Blutschande wird mit Gefängnis bis zu 6 Jahren bestraft, wer den Beischlaf mit einem Verwandten absteigender Linie, und mit Gefängnis bis zu 2 Jahren, wer den Beischlaf mit einem Verwandten aufsteigender Linie oder mit einem Bruder oder einer Schwester vollzieht. Beischlaf mit einem Verwandten absteigender Linie unter 18 Jahren wird mit Gefängnis bis zu 10 Jahren bestraft.

Abs. 2. Der in absteigender Linie Verwandte unter 18 Jahren bleibt straflos. Im Falle des Beischlafs zwischen Geschwistern kann die Strafe für denjenigen fortfallen, der das 16. Lebensjahr noch nicht vollendet hat.

§ 211

Der Beischlaf zwischen Verschwägerten wird, wenn die Eingehung der Ehe zwischen ihnen unbedingt verboten ist, mit Haft bestraft. Können Ausnahmen von dem Verbot bewilligt werden, so ist die Strafe Geldstrafe.

Abs. 2. Die Vorschrift des § 210 Abs. 2 gilt entsprechend.

---

[33]) Aufgehoben. Betraf Aberkennung des Rechts auf Ausübung eines Gewerbes. Die Materie ist jetzt nach § 79 zu beurteilen.

§ 212

Hat in den im § 210 und § 211 genannten Verbindungen zwischen Verwandten und Verschwägerten anderer geschlechtlicher Umgang als Beischlaf stattgefunden, so ist auf eine verhältnismäßig mildere Strafe zu erkennen.

§ 213

Wer seinen Ehegatten, sein Kind oder einen seinem Sorgerecht oder seiner Fürsorge unterstellten Jugendlichen unter 18 Jahren oder einen Verwandten oder Verschwägerten aufsteigender Linie durch Vernachlässigung oder entwürdigende Behandlung verletzt oder dadurch der Not aussetzt, daß er sich einer ihm obliegenden Unterhalts- oder Beitragspflicht böswillig entzieht, wird mit Gefängnis bis zu 2 Jahren oder bei mildernden Umständen mit Haft bestraft.

Abs. 2. Auf Antrag des Verletzten kann die Verfolgung unterbleiben.

§ 214

Wer durch unrichtige oder unvollständige Anmeldung zum Geburtsregister die Beweisgrundlage für den Familienstand eines anderen verändert, wird mit Haft oder bei mildernden Umständen mit Geldstrafe bestraft.

Abs. 2. Die Strafe kann fortfallen, wenn ein von einer verheirateten Frau unehelich geborenes Kind mit Einwilligung des Ehemannes als ehelich angemeldet wird.

§ 215

Wer einen Jugendlichen unter 18 Jahren dem Sorgerecht oder der Fürsorge der Eltern oder eines anderen Berechtigten entzieht oder dazu beiträgt, daß dieser sich dem Sorgerecht oder der Fürsorge entzieht, wird nach den Vorschriften des § 261 bestraft.

24. Kapitel

Sittlichkeitsdelikte

§ 216

Wer den Beischlaf mit einer Frau durch Gewalt, Freiheitsberaubung oder Erregung von Furcht für ihr oder ihrer nächsten Angehörigen Leben, Gesundheit oder wirtschaftliche Existenz erzwingt, wird wegen Notzucht mit Gefängnis von 1 bis zu 16 Jahren, bei besonders erschwerenden Umständen mit lebenslänglichem Gefängnis bestraft. Stand die Frau vorher zum Täter in einem geschlechtlichen Verhältnis von längerer Dauer, so ist die Strafe Gefängnis bis zu 8 Jahren.

§ 217

Wer sich den außerehelichen Beischlaf mit einer geisteskranken oder ausgesprochen schwachsinnigen Frau verschafft, wird mit Gefängnis von 3 Monaten bis zu 8 Jahren bestraft. Stand die Frau vorher in normalem Zustand zum Täter in einem geschlechtlichen Verhältnis von längerer Dauer, so kann die Strafe auf den für Gefängnis vorgesehenen Mindestbetrag herabgesetzt werden.

Abs. 2. Gleiche Strafe trifft denjenigen, der sich den außerehelichen Beischlaf mit einer Frau verschafft, die sich in einem Zustand befindet, in dem sie außerstande ist, sich der Tat zu widersetzen oder ihre Bedeutung zu verstehen. Hat der Täter die Frau in dieser Absicht selbst in einen solchen Zustand versetzt, so wird er mit der im § 216 vorgesehenen Strafe bestraft.

Abs. 3. Mit Gefängnis bis zu 1 Jahre wird bestraft, wer den außerehelichen Beischlaf mit einer in einem Krankenhaus oder einer Anstalt für Geisteskranke oder Schwachsinnige untergebrachten Frau vollzieht, während sie sich in seiner Obhut befindet.

§ 218

Mit Gefängnis bis zu 6 Jahren wird, soweit nicht ein Fall des § 216 oder § 217 Abs. 1 und 2 vorliegt, bestraft, wer sich durch Drohung mit Gewalt, mit Freiheitsberaubung oder mit Beschuldigung wegen strafbaren oder ehrenrührigen Verhaltens den Beischlaf mit einer Frau verschafft.

§ 219

Mit Gefängnis bis zu 4 Jahren wird bestraft, wer als Angestellter oder Aufsichtsführender eines Gefängnisses, eines Armenhauses, eines Erziehungsheims, einer Irrenanstalt, einer Schwachsinnigenanstalt oder einer ähnlichen Institution den Beischlaf mit einer dort untergebrachten Person vollzieht.

§ 220

Wer sich den außerehelichen Beischlaf mit einer Frau durch groben Mißbrauch ihrer dienstlichen oder wirtschaftlichen Abhängigkeit verschafft, wird mit Gefängnis bis zu 1 Jahre oder, wenn sie noch nicht 21 Jahre alt ist, mit Gefängnis bis zu 3 Jahren bestraft.

§ 221

Mit Gefängnis bis zu 6 Jahren wird bestraft, wer sich den Beischlaf mit einer Frau erschleicht, die den Beischlaf irrtümlich für ehelich hält oder den Täter mit einem anderen verwechselt.

§ 222

Der Beischlaf mit einem Kind unter 15 Jahren wird mit Gefängnis bis zu 6 Jahren bestraft.

Abs. 2. War das Kind noch nicht 12 Jahre alt, oder hat der Täter sich den Beischlaf durch Zwang, der nicht unter § 216 fällt, oder durch Drohungen verschafft, so kann auf Gefängnis bis zu 12 Jahren erkannt werden.

§ 223

Der Beischlaf mit einem Jugendlichen unter 18 Jahren, der das Adoptiv- oder Pflegekind des Schuldigen ist oder ihm zum Unterricht oder zur Erziehung anvertraut ist, wird mit Gefängnis bis zu 4 Jahren bestraft.

Abs. 2. Gleiche Strafe trifft denjenigen, der einen Jugendlichen unter 18 Jahren durch groben Mißbrauch einer auf Alter und Erfahrung beruhenden Überlegenheit zum Beischlaf verführt.

§ 224

Hat unter den in den §§ 216—223 genannten Umständen anderer geschlechtlicher Umgang als Beischlaf stattgefunden, so ist auf eine verhältnismäßig geringere Gefängnisstrafe zu erkennen.

§ 225

Mit Gefängnis bis zu 6 Jahren wird bestraft, wer mit einer Person gleichen Geschlechts Unzucht unter Umständen treibt, die denen der §§ 216—220 und 222 entsprechen.

Abs. 2. Mit Gefängnis bis zu 4 Jahren wird bestraft, wer mit einem Jugendlichen gleichen Geschlechts unter 18 Jahren Unzucht treibt. Die Strafe kann jedoch fortfallen, wenn die Betreffenden sich ungefähr im gleichen Alter und auf der gleichen Entwicklungsstufe befinden.

Abs. 3. Mit Gefängnis bis zu 3 Jahren wird bestraft, wer einen Jugendlichen gleichen Geschlechts unter 21 Jahren durch Mißbrauch einer auf Alter und Erfahrung beruhenden Überlegenheit zur Unzucht mit sich verführt.

* Abs. 4. Wer sich durch Bezahlung oder durch Versprechen einer solchen geschlechtliche Beziehungen zu einem Jugendlichen gleichen Geschlechts unter 21 Jahren verschafft, wird mit Haft oder mit Gefängnis bis zu 1 Jahre oder bei mildernden Umständen mit Geldstrafe bestraft.

§ 226

Hat der Täter in den Fällen, in denen die Strafbarkeit der Tat nach den vorstehenden Bestimmungen von dem anormalen geistigen oder körperlichen Zustand des Verletzten oder von seinem Alter abhängt, ohne Kenntnis von dem Zustand oder Alter des Betreffenden gehandelt, oder hat er in den Fällen des § 217 Abs. 3 ohne Kenntnis von der dort genannten Unterbringung und Obhut des Betreffenden gehandelt, so ist, wenn ihm die Handlung aus diesem Grunde nicht als vorsätzlich zugerechnet werden kann, er aber fahrlässig gehandelt hat, auf eine verhältnismäßig geringere Strafe zu erkennen.

§ 227

Eine Strafe nach den §§ 216—224 und 226 kann fortfallen, wenn die Personen, zwischen denen der geschlechtliche Umgang stattgefunden hat, die Ehe miteinander eingegangen sind.

§ 228

* Wer

1. jemanden dazu verleitet, sich durch Unzucht mit anderen einen Verdienst zu verschaffen,

2. aus Gewinnsucht jemanden zur Unzucht mit anderen verleitet oder jemanden, der aus der Unzucht ein Gewerbe macht, davon abhält, es aufzugeben, oder

3. ein Bordell unterhält,

wird wegen Kuppelei mit Gefängnis bis zu 4 Jahren bestraft.

* Abs. 2. Gleiche Strafe trifft denjenigen, der einen Jugendlichen unter 21 Jahren dazu anreizt oder ihm dabei behilflich ist, aus der Unzucht ein Gewerbe zu machen, sowie wer an der Verbringung einer Person in das Ausland teilnimmt, damit diese dort aus der Unzucht ein Gewerbe macht oder dazu mißbraucht wird, wenn sie noch nicht 21 Jahre alt ist oder von dem Zweck keine Kenntnis hat.

§ 229

* Wer die Unzucht dadurch fördert, daß er aus Gewinnsucht oder in öfters wiederholten Fällen als Vermittler auftritt, oder wer das unzüchtige Gewerbe eines anderen ausnutzt, wird mit Gefängnis bis zu 3 Jahren oder bei mildernden Umständen mit Haft oder Geldstrafe bestraft.

* Abs. 2. Wer Zimmer in Hotels oder Gaststätten zwecks Benutzung zu gewerbsmäßiger Unzucht vermietet, wird mit Haft oder mit Gefängnis bis zu 1 Jahre oder bei mildernden Umständen mit Geldstrafe bestraft.

*[33a]) Abs. 3. Mit Gefängnis bis zu 4 Jahren wird der Mann bestraft, der sich ganz oder zum Teil von einer Frau unterhalten läßt, die gewerbsmäßige Unzucht treibt.

*[33a]) Abs. 4. Mit Gefängnis bis zu 1 Jahre wird der Mann bestraft, der trotz polizeilicher Verwarnung die Wohnung mit einer Frau teilt, die gewerbsmäßige Unzucht treibt.

*[33a]) Abs. 5. Die Strafvorschriften der Abs. 3 und 4 finden auf männliche Jugendliche unter 18 Jahren, denen gegenüber die Frau unterhaltspflichtig ist, keine Anwendung.

[33a]) Die bisherigen Abs. 2, 3 und 4 haben die Bezeichnung Abs. 3, 4 und 5 erhalten.

§ 230

* Wer Bezahlung entgegennimmt, um mit einer Person gleichen Geschlechts Unzucht zu treiben, wird mit Haft oder mit Gefängnis bis zu 1 Jahre bestraft.

§ 231

Ist ein nach den §§ 228, 229 oder 230 zu Verurteilender schon einmal wegen einer dieser Straftaten oder wegen Arbeitsscheu verurteilt worden, oder ist er wegen eines Bereicherungsdelikts zu Gefängnis verurteilt worden, so kann die Strafe bis um die Hälfte erhöht werden.

§ 232

Wer durch unzüchtiges[34]) Verhalten das Schamgefühl verletzt oder öffentlich Ärgernis erregt, wird mit Gefängnis bis zu 4 Jahren oder bei mildernden Umständen mit Haft oder Geldstrafe bestraft.

§ 233

* Wer in einer Weise, die geeignet ist, andere zu belästigen oder öffentlich Ärgernis zu erregen, zur Unzucht auffordert oder anreizt oder einen unsittlichen Lebenswandel zur Schau stellt, wird mit Haft oder mit Gefängnis bis zu 1 Jahre oder bei mildernden Umständen mit Geldstrafe bestraft.

§ 234

Mit Geldstrafe, Haft oder bei erschwerenden Umständen mit Gefängnis bis zu 6 Monaten wird bestraft, wer

1. einem Jugendlichen unter 18 Jahren unzüchtige Schriften, Bilder oder Gegenstände anbietet oder überläßt,

2. unzüchtige Schriften, Bilder oder Gegenstände veröffentlicht oder verbreitet oder zu diesem Zwecke herstellt oder einführt,

3. öffentliche Vorträge, Vorstellungen oder Ausstellungen unzüchtigen Inhalts veranstaltet.

Abs. 2. Werden diese Handlungen zu Zwecken des Erwerbs begangen, so kann nur bei besonders mildernden Umständen auf Geldstrafe erkannt werden.

Abs. 3. Wer aus Gewinnsucht Schriften oder Bilder, die nicht als eigentlich unzüchtig angesehen werden können, von denen aber anzunehmen ist, daß sie ausschließlich geschäftliche Spekulation auf Erregung der Sinnlichkeit bezwecken, veröffentlicht oder verbreitet oder zu diesem Zwecke herstellt oder einführt, wird mit Geldstrafe oder Haft bis zu 1 Jahre bestraft.

---

[34]) Wörtlich: anstößiges.

§ 235

Mit Geldstrafe wird bestraft, wer Gegenstände oder Stoffe, die der Verhütung der Empfängnis dienen, in ärgerniserregender Weise anpreist oder feilhält. Gleiche Strafe trifft denjenigen, der Anpreisungen solcher Gegenstände oder Stoffe ohne ausdrückliches Verlangen jemandem zusendet, der keinen zugelassenen Handel damit treibt.

Abs. 2. Derartige Gegenstände oder Stoffe dürfen nur in den Handel gebracht werden, wenn sie vom Justizminister nach Verhandlung mit dem Gesundheitswesen genehmigt sind. Der Justizminister kann, falls erforderlich, nach Verhandlung mit dem Handelsminister Preise festsetzen, die deutlich auf der Verpackung anzugeben sind. Die betreffenden Gegenstände und Stoffe dürfen nur von Apotheken oder solchen Verkaufsstellen verkauft werden, die vom Amtsarzt nach Verhandlung mit der Polizeibehörde genehmigt sind. Zuwiderhandlungen gegen diese Bestimmungen werden mit Geldstrafe bestraft.

§ 236

Wird jemand nach den §§ 216, 217 Abs. 1 und 3, 218, 222 und 223 Abs. 2, § 224 in Verbindung mit einer der vorgenannten Bestimmungen, § 225 Abs. 1 in Verbindung mit §§ 216, 217 Abs. 1 und 3, 218 und 222, § 225 Abs. 2 und 3, § 226 in Verbindung mit einer der vorgenannten Bestimmungen oder § 232 verurteilt, so kann ihm im Urteil auferlegt werden, sich von öffentlichen Parks oder Anlagen, Grünplätzen, Schulen und Spielplätzen, Erziehungsheimen, Irren- und Schwachsinnigenanstalten und von bestimmt bezeichneten Wäldern, Badeanstalten und Stränden fernzuhalten.

Abs. 2. Daneben kann Personen, die nach den im Abs. 1 genannten Paragraphen oder nach den §§ 228 oder 229 verurteilt werden, im Urteil auferlegt werden, Kindern unter 18 Jahren keinen Aufenthalt in ihrer Wohnung zu gewähren oder ohne polizeiliche Erlaubnis selbst keinen Aufenthalt bei Personen zu nehmen, bei denen sich Kinder unter diesem Alter aufhalten. Die Auflage gilt jedoch nicht für Kinder, denen gegenüber der Verurteilte unterhaltspflichtig ist.

* Abs. 3. Nach Verlauf von 3 Jahren seit der endgültigen Entlassung kann der Verurteilte verlangen, daß die Frage der Fortdauer der nach Abs. 1 und 2 angeordneten Auflagen dem Gericht vorgelegt wird, das die Sache in erster Instanz abgeurteilt hat. Die Entscheidung ergeht durch Beschluß. Wird die Aufhebung der Auflage abgelehnt, so kann ein neuer Antrag erst nach Ablauf von 3 Jahren gestellt werden.

Abs. 4. Zuwiderhandlungen gegen die nach Abs. 1 und 2 angeordneten Auflagen werden mit Haft oder mit Gefängnis bis zu 4 Monaten bestraft.

25. Kapitel

Straftaten gegen Leib und Leben

§ 237

Wer einen anderen tötet, wird wegen Tötung[35]) mit Gefängnis von 5 Jahren bis zu lebenslänglicher Dauer bestraft[36]).

§ 238

Tötet eine Mutter ihr Kind während oder gleich nach der Geburt und ist zu vermuten, daß sie in Not, aus Furcht vor Schande oder unter der Einwirkung einer durch die Geburt hervorgerufenen Schwächung, Verwirrung oder Ratlosigkeit gehandelt hat, so wird sie mit Gefängnis bis zu 4 Jahren bestraft.

Abs. 2. Ist die Tat nicht vollendet und hat die Handlung dem Kind keinen Schaden gebracht, so kann die Strafe fortfallen.

§ 239

Wer einen anderen auf dessen bestimmtes Verlangen tötet, wird mit Gefängnis bis zu 3 Jahren oder mit Haft nicht unter 60 Tagen bestraft.

§ 240

Wer an dem Selbstmord eines anderen teilnimmt, wird mit Geldstrafe oder Haft bestraft. Wird die Handlung aus eigennützigen Beweggründen begangen, so ist die Strafe Gefängnis bis zu 3 Jahren.

§ 241

Wer durch Fahrlässigkeit den Tod eines anderen verursacht, wird mit Haft oder Geldstrafe, bei erschwerenden Umständen mit Gefängnis bis zu 4 Jahren bestraft.

§ 242[37])

§ 243

Mit Geldstrafe oder Haft bis zu 3 Monaten oder bei erschwerenden Umständen mit Gefängnis in gleicher Höhe wird bestraft, wer Gegenstände — ganz oder geteilt — einführt, anfertigt oder feilhält, die als zur sexuellen Hygiene bestimmt erscheinen, als deren wesentlichster Zweck aber die Unterbrechung der Schwangerschaft anzunehmen ist.

---

[35]) Der Ausdruck „manddrab“ kann sowohl Mord wie Totschlag bedeuten.

[36]) S. d. Anm. zu Kap. 12.

[37]) Aufgehoben. S. jetzt das Schwangerschaftsgesetz Nr. 177 vom 23. Juni 1956.

Diese Bestimmung gilt nicht für die Versorgung von Ärzten und Krankenhäusern mit Instrumenten und dergl. zu Heilzwecken.

§ 244

Wer gegen einen anderen Gewalt anwendet oder seinen Körper auf andere Weise angreift, wird wegen einfacher Körperverletzung[38]) mit Geldstrafe oder Haft bestraft.

Abs. 2. Richtete sich der Angriff gegen eine Schwangere oder hatte er wegen der Art der benutzten Werkzeuge oder Mittel oder wegen der Umstände, unter denen er geschah, einen besonders gefährlichen Charakter, so kann auf Gefängnis bis zu 2 Jahren erkannt werden. Das gleiche gilt, wenn die Gewaltanwendung im übrigen besonders roh oder brutal war.

Abs. 3. Hatte die Körperverletzung einen Schaden an Körper oder Gesundheit zur Folge, so ist die Strafe Haft oder Gefängnis bis zu 2 Jahren, bei besonders mildernden Umständen Geldstrafe. Im Falle von Mißhandlung ist die Strafe Haft oder Gefängnis bis zu 2 Jahren. Hatte die Handlung den Tod oder eine schwere Körperbeschädigung zur Folge, so kann auf Gefängnis bis zu 6 Jahren erkannt werden.

Abs. 4. Wer gegen eine schuldlose Person[39]) Gewalt anwendet oder ihren Körper auf andere Weise angreift, wird wegen Überfalls mit Gefängnis bis zu 2 Jahren bestraft. Ist die Gewaltanwendung weniger schwer oder liegen Umstände entschuldigenden Charakters vor, so kann die Strafe auf Haft ermäßigt werden; ist die Gewaltanwendung von geringer Bedeutung oder liegen besonders mildernde Umstände vor, so kann auf Geldstrafe erkannt werden. Hatte die Gewalttätigkeit solche Folgen oder einen solchen Charakter, daß sie unter die Bestimmungen des Abs. 2 oder 3 fällt, so kann auf Gefängnis bis zu 6 Jahren erkannt werden.

Abs. 5. In den Fällen des Abs. 1 findet keine öffentliche Verfolgung statt, es sei denn, daß das öffentliche Interesse eine Verfolgung gebietet.

§ 245

Wer einem anderen einen Schaden an Körper oder Gesundheit zufügt, wird wegen Körperbeschädigung mit Haft oder mit Gefängnis bis zu 3 Jahren, bei besonders mildernden Umständen mit Geldstrafe bestraft.

Abs. 2. Unter den im § 244 Abs. 2 und 4 genannten Umständen sowie wenn die Körperbeschädigung mit Mißhandlung verbunden war oder den Tod oder eine schwere Körperbeschädigung zur Folge hatte, ist die Strafe Gefängnis bis zu 8 Jahren.

---

[38]) Die einfache Körperverletzung heißt nach dänischem Sprachgebrauch „Körperkränkung“, im Gegensatz zur „Körperbeschädigung“ der §§ 245, 246.

[39]) Eine Person, die zu der Handlung keinen Anlaß gegeben hat.

§ 246

Fügt jemand einem anderen einen solchen Schaden zu, daß er das Sehvermögen, das Gehör, die Sprache oder die Zeugungsfähigkeit[40]) verliert oder erhebliche Einbuße daran erleidet, daß er Krüppel oder in hohem Maße entstellt wird, daß er für immer oder für eine lange, unbestimmte Zeit außerstande ist, seine Berufspflichten oder die Beschäftigungen des täglichen Lebens auszuüben, oder fügt er ihm einen anderen Schaden gleicher Bedeutung an Körper oder Gesundheit zu, so wird er wegen schwerer Körperbeschädigung mit Gefängnis von 1 bis zu 12 Jahren bestraft.

§ 247

Ist ein nach den §§ 244 oder 245 zu Verurteilender schon einmal wegen vorsätzlicher Körperverletzung oder wegen einer mit vorsätzlicher Gewalt verbundenen Straftat zu einer Freiheitsstrafe verurteilt worden, so kann die Strafe bis um die Hälfte erhöht werden.

§ 248

Einwilligung in eine Körperverletzung hat zur Folge, daß die Strafe herabgesetzt werden kann und daß die Handlung im Falle des § 244 Abs. 1 nicht bestraft wird.

Abs. 2. Bei Körperverletzungen während einer Schlägerei, oder wenn der Angegriffene gegen den Angreifer Vergeltung geübt hat, kann die Strafe herabgesetzt werden und in den Fällen des § 244 Abs. 1 ganz fortfallen.

§ 249

Wer aus Fahrlässigkeit einem anderen einen nicht unter § 246 fallenden erheblichen Schaden an Körper oder Gesundheit zufügt, wird mit Geldstrafe oder Haft bestraft. Die Verfolgung findet nur auf Antrag des Verletzten statt, es sei denn, daß das öffentliche Interesse eine Verfolgung gebietet.

Abs. 2. Wer aus Fahrlässigkeit einem anderen einen unter § 246 fallenden Schaden zufügt, wird mit Haft oder Geldstrafe, bei erschwerenden Umständen mit Gefängnis bis zu 4 Jahren bestraft.

§ 250

Wer einen anderen in hilflosen Zustand versetzt oder eine in seiner Obhut stehende Person in solchem Zustand verläßt, wird mit Gefängnis bestraft, auf das, wenn die Handlung den Tod oder eine schwere Körperbeschädigung zur Folge gehabt hat, bei im übrigen erschwerenden Umständen bis zu 8 Jahren erkannt werden kann.

---

[40]) Gilt auch für die Empfängnisfähigkeit.

§ 251

Eine Frau, die ihr Kind bei der Geburt in unverantwortlicher Weise einer ernsten Gefahr aussetzt, wird mit Haft nicht unter 60 Tagen oder mit Gefängnis bis zu 1 Jahre bestraft. Die Strafe kann herabgesetzt werden oder ganz fortfallen, wenn das Kind lebt, ohne Schaden genommen zu haben.

§ 252

Mit Haft oder mit Gefängnis bis zu 4 Jahren wird bestraft, wer aus Gewinnsucht, aus grobem Mutwillen oder auf ähnlich rücksichtslose Weise eine naheliegende Gefahr für das Leben oder die Gesundheit eines anderen herbeiführt.

§ 253

Mit Geldstrafe oder Haft bis zu 3 Monaten wird bestraft, wer es unterläßt,

1. jemandem nach Kräften zu helfen, der in offensichtlicher Lebensgefahr schwebt,
2. die Maßnahmen zu treffen, die nach den Umständen zur Rettung eines anscheinend Leblosen geboten oder die zur Fürsorge für Personen vorgeschrieben sind, die von einem Schiffbruch oder einem ähnlichen Unglücksfall betroffen sind,

obwohl ihm dies ohne besondere Gefahr oder Opfer für sich oder andere möglich gewesen wäre.

§ 254

Mit Geldstrafe oder Haft bis zu 3 Monaten wird bestraft, wer vorsätzlich oder fahrlässig Kindern unter 15 Jahren, Geisteskranken, Schwachsinnigen oder Betrunkenen gefährliche Waffen oder Sprengstoffe überläßt.

§ 255

Mit Geldstrafe, Haft oder mit Gefängnis bis zu 1 Jahre wird der Mann bestraft, der sich böswillig seiner Pflicht entzieht, einer von ihm außerehelich geschwängerten Frau die zu ihrer Niederkunft erforderliche Hilfe zu gewähren, wenn sie dadurch in Not gerät.

Abs. 2. Unterläßt es jemand, der weiß, daß die Niederkunft einer zu seinem Hausstand gehörigen Frau nahe bevorsteht, ihr den aus diesem Anlaß erforderlichen Beistand zu gewähren, so wird er mit Geldstrafe oder Haft bis zu 3 Monaten bestraft.

§ 256

Mit Gefängnis bis zu 4 Jahren oder mit Haft wird bestraft, wer einen anderen durch Vollziehung des Beischlafs oder anderen geschlechtlichen Umgang der Gefahr aussetzt, mit einer Geschlechtskrankheit angesteckt zu werden, wenn er die Ansteckungsgefahr kannte oder kennen mußte.

Abs. 2. Ist der Gefährdete der Ehegatte des Schuldigen, so findet die Verfolgung nur auf dessen Antrag statt.

§ 257

Mit Haft oder mit Gefängnis bis zu 3 Jahren oder bei mildernden Umständen mit Geldstrafe wird bestraft, wer ein syphilitisches Kind einer anderen Frau als der Mutter zum Stillen überläßt, wenn er die Ansteckungsgefahr kannte oder kennen mußte.

Abs. 2. Gleiche Strafe trifft die Frau, die, obwohl sie weiß oder vermutet, an Syphilis zu leiden oder gelitten zu haben, das Kind einer anderen Frau zum Stillen annimmt oder behält.

§ 258

Mit Haft oder mit Gefängnis bis zu 2 Jahren oder bei mildernden Umständen mit Geldstrafe wird bestraft, wer ein Kind, von dem er weiß oder vermutet, daß es an einer ansteckenden Geschlechtskrankheit leidet, jemandem in Pflege gibt, der nicht vorher über die Krankheit und die Ansteckungsgefahr unterrichtet ist, oder unter Umständen, die andere Kinder der Gefahr der Ansteckung aussetzen.

§ 259

Mit Geldstrafe oder Haft wird bestraft, wer, ohne daß einer der vorstehend genannten Fälle vorliegt, aus grober Fahrlässigkeit für einen anderen die naheliegende Gefahr der Ansteckung mit einer Geschlechtskrankheit herbeiführt.

26. Kapitel

Straftaten gegen die persönliche Freiheit

§ 260

Mit Geldstrafe oder Haft oder mit Gefängnis bis zu 2 Jahren wird wegen Nötigung[41]) bestraft, wer

1. durch Gewalt oder durch Drohung mit Gewalt, mit erheblichem Schaden an Sachen, mit Freiheitsberaubung oder mit Erhebung unwahrer Beschuldigungen wegen strafbaren oder ehrenrührigen Verhaltens oder mit Bekanntgabe von Umständen des Privatlebens jemanden zu einer Handlung, Duldung oder Unterlassung nötigt,

2. durch Drohung mit Anzeige oder Bekanntgabe strafbaren Verhaltens oder mit Erhebung wahrer ehrenrühriger Beschuldigungen jemanden zu einer Handlung, Duldung oder Unterlassung nötigt, so-

---

[41]) Wörtlich: unrechtmäßiger Zwang.

weit der Zwang nicht durch die Umstände, auf die sich die Drohung bezieht, ausreichend begründet erscheint.

§ 261

Wer einen anderen der Freiheit beraubt, wird mit Gefängnis bis zu 4 Jahren oder bei mildernden Umständen mit Haft bestraft.

Abs. 2. Geschieht dies aus Gewinnsucht, oder war die Freiheitsberaubung von langer Dauer oder bestand sie darin, daß jemand unberechtigt als geisteskrank oder schwachsinnig in Verwahrung gehalten oder daß er in fremde Kriegsdienste oder in Gefangenschaft oder sonstige Abhängigkeit in einem fremden Land gebracht wurde, so ist die Strafe Gefängnis von 1 bis zu 12 Jahren.

§ 262

Wer durch grobe Fahrlässigkeit eine Freiheitsberaubung der im § 261 Abs. 2 genannten Art verursacht, wird mit Geldstrafe oder Haft oder bei erschwerenden Umständen mit Gefängnis bis zu 1 Jahre bestraft.

Abs. 2. Auf Antrag des Verletzten kann die Verfolgung unterbleiben.

27. Kapitel

Friedensstörungen und Ehrenkränkungen

§ 263

Mit Geldstrafe oder Haft bis zu 6 Monaten wird bestraft, wer den Frieden eines anderen dadurch stört, daß er

1. einen Brief erbricht oder sich sonst eine an einen anderen gerichtete geschlossene Mitteilung verschafft oder jemandem eine solche vorenthält,
2. sich ohne ausreichenden Grund Zugang zu den verschlossenen Behältnissen eines anderen verschafft,
3. öffentlich Mitteilungen über rein private häusliche Angelegenheiten eines anderen macht,
4. öffentlich Mitteilungen über andere Angelegenheiten des Privatlebens macht, von denen mit ausreichendem Grund verlangt werden kann, daß sie der Öffentlichkeit ferngehalten werden.

Abs. 2. Gleiche Strafe trifft denjenigen, der in öffentlichem Amt oder Auftrag tätig ist oder war oder auf Grund öffentlicher Zulassung oder Anerkennung einen Beruf ausübt oder ausgeübt hat, einschließlich der Angestellten, wenn er Geheimnisse des Privatlebens, die bei der Ausübung seiner Tätigkeit zu seiner Kenntnis gekommen sind, verrät, es sei denn, daß er zur Äußerung verpflichtet war oder in berechtigter Wahrnehmung offenbaren öffentlichen Interesses oder eigener oder fremder Interessen gehandelt hat.

§ 264

Wer den Hausfrieden dadurch stört, daß er in ein fremdes Haus, den Raum eines Hauses, ein Schiff oder einen anderen nicht frei zugänglichen Ort eindringt, wird mit Geldstrafe oder Haft bis zu 6 Monaten bestraft.

Abs. 2. Gleiche Strafe trifft denjenigen, der sich weigert, ein fremdes Grundstück auf Aufforderung zu verlassen.

Abs. 3. Hat die Handlung den Frieden der Bewohner erheblich gestört oder ist sie von einer mit Waffen versehenen Person oder von mehreren gemeinschaftlich begangen worden oder war sie mit Gewalt gegen Personen oder mit Drohung damit verbunden oder war der Schuldige schon einmal wegen einer mit vorsätzlicher Gewalt gegen Personen oder Sachen verbundenen Straftat zu einer Freiheitsstrafe verurteilt worden, so kann auf ein höheres Maß von Haft oder auf Gefängnis bis zu 1 Jahre erkannt werden.

§ 264a

Wer sich Zugang zu einem fremden Haus oder einem Raum desselben, einschließlich öffentlicher oder privater Kontore, Geschäfte, Fabriken und dergl. zu dem Zwecke verschafft, sich Urkunden, Geschäftsbücher und dergl. zuzueignen oder von ihrem Inhalt Kenntnis zu nehmen, wird mit Gefängnis bis zu 1 Jahre oder bei mildernden Umständen mit Haft bestraft. Hatte die Handlung den Charakter eines Einbruchs oder war sie von einer Organisation vorbereitet oder mit Gewalt gegen Personen verbunden, so kann auf Gefängnis bis zu 4 Jahren erkannt werden.

§ 265

Wer den Frieden eines anderen dadurch stört, daß er trotz polizeilicher Verwarnung auf ihn eindringt, ihn mit schriftlichen Anträgen verfolgt oder ihn in ähnlicher Weise belästigt, wird mit Geldstrafe oder Haft bis zu 6 Monaten bestraft.

§ 266

Wer in einer Weise, die geeignet ist, in jemandem ernstliche Furcht für sein oder anderer Leben, Gesundheit oder wirtschaftliche Existenz zu erregen, mit der Begehung einer strafbaren Handlung droht, wird mit Geldstrafe, Haft oder mit Gefängnis bis zu 2 Jahren bestraft.

§ 266a

Mit Haft oder mit Gefängnis bis zu 1 Jahre oder bei mildernden Umständen mit Geldstrafe wird bestraft, wer, ohne daß ein Fall der §§ 136 und 266 vorliegt, öffentlich Äußerungen macht, die die Vornahme von Gewalttätigkeiten oder Zerstörungen bezwecken.

§ 266b

Wer durch Verbreitung falscher Gerüchte oder Beschuldigungen eine Gruppe der dänischen Bevölkerung wegen ihres Glaubens, ihrer Abstammung oder ihrer Staatsangehörigkeit verfolgt oder zum Haß gegen sie aufreizt, wird mit Haft oder bei mildernden Umständen mit Geldstrafe bestraft. Sind die Gerüchte oder Beschuldigungen in einer Druckschrift oder in anderer Weise, wodurch sie an einen größeren Kreis gelangt sind, verbreitet worden, so ist die Strafe Haft oder bei erschwerenden Umständen Gefängnis bis zu 1 Jahre.

§ 266c

Wer in bezug auf ein abgeschlossenes Verfahren die zurückgewiesenen Beschuldigungen erneut so häufig gegen dieselbe Person erhebt, daß dies zur Verfolgung ausartet, wird, wenn die Mitteilungen geeignet sind, dem Betreffenden in der öffentlichen Meinung zu schaden, mit Geldstrafe oder Haft bis zu 1 Jahre bestraft.

§ 267

Wer die Ehre eines anderen durch beleidigende Worte oder Handlungen oder dadurch kränkt, daß er Beschuldigungen wegen eines Verhaltens erhebt oder verbreitet, das geeignet ist, den Beleidigten in der Achtung seiner Mitbürger herabzusetzen, wird mit Geldstrafe oder Haft bis zu 1 Jahre bestraft.

Abs. 2. Richtet sich die Beleidigung gegen eine der im § 119 Abs. 2 genannten Personen aus Anlaß der Ausübung ihres Amtes oder Auftrages, ohne daß ein Fall des § 121 vorliegt, so ist dies bei der Strafzumessung als erschwerender Umstand anzusehen, und es kann alsdann auf Gefängnis bis zu 6 Monaten erkannt werden.

Abs. 3. Bei der Strafzumessung ist es als erschwerender Umstand anzusehen, wenn die Beleidigung in einer Druckschrift oder in anderer Weise, wodurch sie eine größere Verbreitung erlangt, oder an solchen Orten oder zu solchen Zeiten erfolgt ist, daß das Kränkende der Äußerung in hohem Maße verschärft wird.

§ 267a

Hat jemand in der im § 267 Abs. 3 bezeichneten Weise eine Äußerung gemacht, die eine unwahre Beschuldigung gegen einen anderen wegen eines Verhaltens enthält, das diesen, wenn sie wahr wäre, zur Bekleidung öffentlicher Ämter[42]) unwürdig machen würde, so darf in einem Strafverfahren gegen den Beleidiger weder bei der Entscheidung der Schuldfrage noch bei der Festsetzung der Strafe der Antrag berücksichtigt werden, die in der Öffentlichkeit allgemein geltende Auffassung von der Ungebührlichkeit der Beschuldigung außer Betracht zu lassen.

---

[42]) Im weitesten Sinne.

§ 268

Ist eine Beschuldigung wider besseres Wissen erhoben oder verbreitet worden oder hatte der Täter keinen ausreichenden Grund, sie für wahr zu halten, so wird der Täter wegen Verleumdung mit Haft oder mit Gefängnis bis zu 2 Jahren bestraft. Ist die Beschuldigung nicht öffentlich erhoben oder verbreitet worden, so kann die Strafe bei mildernden Umständen auf Geldstrafe ermäßigt werden.

§ 269

Eine Beschuldigung ist straflos, wenn ihre Wahrheit bewiesen wird sowie wenn derjenige, der sie gutgläubig erhebt, zur Äußerung verpflichtet war oder in berechtigter Wahrnehmung offenbaren öffentlichen Interesses oder eigener oder fremder Interessen gehandelt hat.

Abs. 2. Die Strafe kann fortfallen, wenn Umstände dargetan werden, die Anlaß dazu gaben, die Beschuldigung für wahr zu halten.

§ 270

Ist die Erhebung der Beschuldigung durch ihre Form ungebührlich beleidigend, so kann auf eine Strafe nach § 267 Abs. 1 erkannt werden, selbst wenn der Wahrheitsbeweis geführt wird; das gleiche gilt, wenn der Täter keine ausreichende Veranlassung zu der Beleidigung hatte.

Abs. 2. Beantragt der Beleidigte Bestrafung lediglich nach diesem Paragraphen, so ist die Führung des Wahrheitsbeweises nicht zulässig, es sei den, daß das öffentliche Interesse entscheidend dafür spricht.

§ 271

Die Führung des Wahrheitsbeweises für eine strafbare Handlung, wegen der der Beschuldigte durch rechtskräftiges Urteil im In- oder Ausland freigesprochen ist, ist nicht zulässig.

Abs. 2. Der Wahrheitsbeweis für eine abgeurteilte strafbare Handlung befreit nicht von Strafe, wenn der Beleidigte mit Rücksicht auf den Charakter der Handlung, den Zeitpunkt ihrer Begehung und sein sonstiges Verhalten[43]) ausreichenden Anspruch darauf hatte, daß die betreffende Angelegenheit nicht jetzt hervorgezogen wurde.

§ 272

Eine Strafe nach § 267 kann fortfallen, wenn die Handlung durch ungebührliches Auftreten des Verletzten verursacht war oder dieser gegen den Beleidiger Vergeltung geübt hat.

§ 273

Ist eine beleidigende Beschuldigung grundlos, so ist auf Antrag des Beleidigten eine dahingehende Bemerkung in die Urteilsformel aufzunehmen.

---

[43]) S. d. Anm. zu § 38.

Abs. 2. Wer einer beleidigenden Beschuldigung für schuldig befunden wird, kann auf Antrag des Beleidigten verpflichtet werden, ihm einen vom Gericht festzusetzenden Betrag zur Bestreitung der Kosten der Bekanntmachung in einer oder mehreren öffentlichen Zeitungen, sei es der Urteilsformel allein, sei es daneben auch der Urteilsgründe, zu entrichten.

§ 274

Wer beleidigende Äußerungen über einen Verstorbenen macht oder verbreitet, wird mit Geldstrafe oder, wenn Verleumdung vorliegt, mit Haft bestraft.

Abs. 2. Beleidigende Äußerungen, die 20 Jahre nach dem Tode gemacht werden, können nur verfolgt werden, wenn die Voraussetzungen des § 268 vorliegen.

§ 275

Die in diesem Kapitel genannten Straftaten werden mit Ausnahme der in den §§ 264 a, 266 und 266 a und b behandelten im Wege der Privatklage verfolgt. In den Fällen der §§ 263 Abs. 2, 264 Abs. 3 und 265 sowie wenn jemand, der in öffentlichem Amt oder Auftrag tätig ist oder zu der in Frage kommenden Zeit tätig war, wegen eines Verhaltens beschuldigt wird, das den Verlust der Stellung oder des Auftrages zur Folge haben kann oder hätte haben können, kann der Verletzte Antrag auf öffentliche Klage stellen. Das gleiche gilt, wenn eine Beschuldigung in einem anonymen oder mit unrichtigem oder erdichtetem Namen versehenen Schriftstück erhoben wird.

§ 275a

Verfahren nach den §§ 267 und 268 sollen mit größtmöglicher Beschleunigung gefördert werden.

28. Kapitel

Bereicherungsdelikte

§ 276

Wegen Diebstahls wird bestraft, wer eine fremde bewegliche Sache ohne Zustimmung des Besitzers in der Absicht wegnimmt, sich oder anderen durch ihre Zueignung einen unberechtigten Gewinn zu verschaffen. Einer beweglichen Sache steht hier und im folgenden eine Energiemenge gleich, die zur Erzeugung von Licht, Wärme, Kraft oder Bewegung oder zu anderen wirtschaftlichen Zwecken hergestellt, aufbewahrt oder in Gebrauch genommen ist.

§ 277

Wegen Fundunterschlagung[44]) wird bestraft, wer in der Absicht, sich oder anderen dadurch einen unberechtigten Gewinn zu verschaf-

---

[44]) Wörtlich: unrechtmäßiger Umgang mit gefundenem Gut.

fen, sich eine fremde bewegliche Sache zueignet, die sich in niemandes Gewahrsam befindet oder durch Vergessen seitens des Eigentümers oder einen ähnlichen Zufall in den Gewahrsam des Täters gelangt ist.

§ 278

Wegen Unterschlagung wird bestraft, wer in der Absicht, sich oder anderen dadurch einen unberechtigten Gewinn zu verschaffen,

1. sich eine in seinem Gewahrsam befindliche fremde bewegliche Sache zueignet, ohne daß ein Fall des § 277 vorliegt,

2. den Empfang eines Geld- oder anderen Darlehns oder einer Leistung, für die ein Entgelt zu entrichten ist, ableugnet,

3. anvertrautes Geld unrechtmäßig verbraucht, auch wenn er nicht verpflichtet war, es von seinem eigenen Vermögen getrennt zu halten.

§ 279

Wegen Betruges wird bestraft, wer in der Absicht, sich oder anderen dadurch einen unberechtigten Gewinn zu verschaffen, einen anderen durch rechtswidrige Erregung, Unterhaltung oder Ausnutzung eines Irrtums zu einer Handlung oder Unterlassung bestimmt, durch die diesem oder jemandem, für den die Handlung oder Unterlassung entscheidend ist, ein Vermögensverlust zugefügt wird.

§ 280

Wegen Untreue wird, soweit nicht ein Fall der §§ 276—279 vorliegt, bestraft, wer in der Absicht, sich oder anderen dadurch einen unberechtigten Gewinn zu verschaffen, einem anderen dadurch einen Vermögensverlust zufügt, daß er

1. eine ihm offenstehende Möglichkeit, mit rechtlicher Wirkung für diesen zu handeln, mißbraucht,

2. in einer Vermögensangelegenheit, deren Wahrnehmung für den anderen ihm obliegt, gegen dessen Interessen handelt.

§ 281

Wegen Erpressung wird, soweit nicht ein Fall des § 288 vorliegt, bestraft, wer

1. in der Absicht, sich oder anderen dadurch einen unberechtigten Gewinn zu verschaffen, jemandem mit Gewalt, mit erheblichem Schaden an Sachen oder mit Freiheitsberaubung, mit Erhebung unwahrer Beschuldigungen wegen strafbaren oder ehrenrührigen Verhaltens oder mit Bekanntgabe von Umständen des Privatlebens droht,

2. jemandem mit Anzeige oder Bekanntgabe strafbaren Verhaltens oder mit Erhebung wahrer ehrenrühriger Beschuldigungen in der Absicht droht, sich oder anderen dadurch einen Gewinn zu verschaffen, der nicht durch die Umstände, die Anlaß zu der Drohung gegeben haben, ausreichend begründet erscheint.

§ 282

Wegen Wuchers wird bestraft, wer die Not, die Einfalt, die Unerfahrenheit oder ein ihm gegenüber bestehendes Abhängigkeitsverhältnis eines anderen ausbeutet, um bei einem Rechtsgeschäft eine Leistung zu erlangen oder sich zu bedingen, die in offenbarem Mißverhältnis zur Gegenleistung steht, sowie wer, nachdem er in Kenntnis der Art des Rechtsgeschäfts eine darauf beruhende Forderung erworben hat, diese geltendmacht oder an einen anderen abtritt.

§ 283

Wegen Schuldnerbetrugs[45]) wird bestraft, wer in der Absicht, sich oder anderen dadurch einen unberechtigten Gewinn zu verschaffen,

1. ihm gehörende Sachen, an denen ein Dritter ein Recht erworben hat, mit dem die Handlung unvereinbar ist, veräußert, verpfändet oder auf andere Weise darüber verfügt,

2. nach der Eröffnung des Konkursverfahrens über sein Vermögen oder der Verhandlung über einen Zwangsvergleich außerhalb des Konkurses Handlungen vornimmt, die bezwecken, die Gegenstände und Forderungen der Masse dem Zugriff der Gläubiger zu entziehen,

3. durch falsche Angaben, Verschleierung[46]), Scheingeschäfte, große Geschenke, unverhältnismäßigen Verbrauch, Verkauf unter dem Werte, Bezahlung noch nicht fälliger Schulden oder Sicherstellung dafür oder in ähnlicher Weise sein Eigentum oder seine Forderungen dem Zugriff seiner Gläubiger oder eines von ihnen entzieht.

Abs. 2. Ein Gläubiger, zu dessen Begünstigung eine Handlung der in Ziffer 3 genannten Art vorgenommen worden ist, wird nur bestraft, wenn er zu einem Zeitpunkt, als er den Konkurs oder die Zahlungseinstellung des Schuldners als unmittelbar bevorstehend voraussah, diesen dazu bestimmt hat, ihn in dieser Weise zu begünstigen.

§ 284

Wegen Hehlerei wird bestraft, wer einen durch Diebstahl, Fundunterschlagung, Unterschlagung, Betrug, Untreue, Erpressung, Schuldnerbetrug oder Raub erzielten Gewinn entgegennimmt oder sich oder anderen einen Anteil daran verschafft, oder wer durch Verheimlichung, Hilfe beim Absatz oder in ähnlicher Weise dazu beiträgt, einem anderen den Ertrag einer solchen Straftat zu sichern.

§ 285

Die in den §§ 276, 278—281 und 283 genannten Straftaten sowie Hehlerei in bezug auf diese und auf Raub werden mit Gefängnis bis zu 2 Jahren, bei Rückfall bis zu 3 Jahren bestraft. In den Fällen des

---

[45]) Wörtlich: Schuldnertrug.

[46]) Wörtlich: Verstecken.

§ 283 Abs. 2 kann die Strafe sowohl für den Schuldner wie für den begünstigten Gläubiger auf Haft ermäßigt werden.

Abs. 2. Fundunterschlagung sowie Hehlerei in bezug auf diese wird mit Geldstrafe, Haft oder mit Gefängnis bis zu 2 Jahren bestraft.

Abs. 3. Wucher wird mit Haft oder mit Gefängnis bis zu 2 Jahren bestraft.

§ 286

Ist ein Diebstahl besonders schwer, z. B. wegen der Art der Ausführung oder weil er von mehreren gemeinschaftlich oder unter Mitnahme von Waffen oder anderen gefährlichen Werkzeugen oder Mitteln begangen wurde, oder wegen erheblichen Wertes der gestohlenen Gegenstände oder wegen der Umstände, unter denen sie sich befanden, oder sind Diebstähle in größerer Zahl begangen worden, so kann auf Gefängnis bis zu 6 Jahren erkannt werden.

Abs. 2. Die Strafe für Unterschlagung, Betrug, Untreue und Schuldnerbetrug kann, wenn die Tat besonders schwer ist oder wenn eine größere Zahl von Straftaten begangen wurde, bis zu 8 Jahren Gefängnis betragen.

Abs. 3. Unter entsprechenden Umständen kann die Strafe für Erpressung, Wucher und Hehlerei Gefängnis bis zu 6 Jahren betragen.

§ 287

Ist eine der in den §§ 276 oder 278—284 genannten Straftaten wegen der Umstände, unter denen die Handlung begangen wurde, der geringen Bedeutung der entwendeten Gegenstände oder des erlittenen Vermögensverlustes oder aus anderen Gründen von besonders geringer Strafwürdigkeit, so kann die Strafe auf Haft oder Geldstrafe ermäßigt werden und bei im übrigen mildernden Umständen ganz fortfallen.

Abs. 2. Bei Fundunterschlagung oder bei Hehlerei in bezug auf diese kann die Strafe bei milderden Umständen fortfallen.

§ 288

Wegen Raubes wird mit Gefängnis von 6 Monaten bis zu 10 Jahren bestraft, wer in der Absicht, sich oder anderen dadurch einen unberechtigten Gewinn zu verschaffen, durch Gewalt oder Drohung mit augenblicklicher Gewaltanwendung

1. jemandem eine fremde bewegliche Sache fortnimmt oder abzwingt,
2. eine gestohlene Sache in Sicherheit bringt, oder
3. jemanden zu einer Handlung oder Unterlassung nötigt, die für den Angegriffenen oder jemanden, für den dieser handelt, einen Vermögensverlust zu Folge hat.

Abs. 2. Hatte der Raub einen besonders gefährlichen Charakter, so kann auf Gefängnis bis zu 16 Jahren erkannt werden.

§ 289[47])

§ 290

Schuldnerbetrug, durch den kein besonders gesichertes Recht verletzt ist, wird nur verfolgt, wenn ein Verletzter dies beantragt oder wenn eine nachfolgende Pfändung nicht zur Befriedigung des Gläubigers geführt hat, das Konkursverfahren oder die Verhandlung über einen Zwangsvergleich außerhalb des Konkurses eröffnet oder die Eröffnung des Konkursverfahrens mangels Masse abgelehnt worden ist.

Abs. 2. Auf Antrag des Verletzten kann bei Diebstahl, Fundunterschlagung, Unterschlagung, Betrug und Hehlerei, begangen gegen einen der nächsten Angehörigen des Schuldigen, sowie in den Fällen des § 287 von der Verfolgung abgesehen werden.

29. Kapitel

Andere strafbare Vermögensschädigungen

§ 291

Wer Sachen, die einem anderen gehören, zerstört, beschädigt oder beiseiteschafft, wird mit Geldstrafe, Haft oder mit Gefängnis bis zu 1 Jahre bestraft.

Abs. 2. Werden Zerstörungen in erheblichem Umfang verübt oder ist der Täter schon einmal nach diesem Paragraphen oder nach den §§ 180, 181, 183 Abs. 1 und 2, 184 Abs. 1, 193 oder 194 für schuldig befunden worden, so kann auf Gefängnis bis zu 4 Jahren erkannt werden.

Abs. 3. Wird der Schade unter den im Abs. 2 genannten Umständen aus grober Fahrlässigkeit verursacht, so ist die Strafe Geldstrafe, Haft oder Gefängnis bis zu 6 Monaten.

§ 292

Wer sein Eigentum durch Zerstörung, Beschädigung oder Beiseiteschaffung dem Zugriff seiner Gläubiger oder eines von ihnen entzieht, wird mit Geldstrafe, Haft oder mit Gefängnis bis zu 1 Jahre bestraft.

Abs. 2. Die Vorschriften des § 290 Abs. 1 finden hier entsprechende Anwendung.

§ 293

* Wer unberechtigt eine Sache gebraucht, die einem anderen gehört, wird mit Geldstrafe, Haft oder Gefängnis bis zu 1 Jahre be-

---

[47]) Aufgehoben — s. d. Vorbemerkung.

straft. Bei erschwerenden Umständen, namentlich wenn die Sache nach dem Gebrauch nicht zurückgebracht wird, kann auf Gefängnis bis zu 2 Jahren erkannt werden.

Abs. 2. Wer verhindert, daß jemand sein Recht ausübt, über eine Sache zu verfügen oder sie zurückzuhalten, wird mit Geldstrafe oder Haft oder bei erschwerenden Umständen mit Gefängnis bis zu 6 Monaten bestraft.

§ 294

Wer sich unrechtmäßig selbst Recht verschafft, wird mit Geldstrafe bestraft.

§ 295

Wer in Binnen- oder Küstengewässern unter Verletzung privater oder öffentlicher Rechte Eindämmungen vornimmt oder feste Einrichtungen anbringt, wird mit Geldstrafe oder Haft bis zu 3 Monaten bestraft.

§ 296

Mit Geldstrafe, Haft oder mit Gefängnis bis zu 2 Jahren wird bestraft, wer, ohne daß ein Fall des § 279 vorliegt,

1. unwahre Mitteilungen verbreitet, durch die der Preis von Waren, Wertpapieren oder dergl. beeinflußt werden kann,

2. über die Verhältnisse von Aktiengesellschaften, Genossenschaften oder ähnlichen Unternehmen unrichtige oder irreführende Angaben durch öffentliche Mitteilungen, in Berichten, Rechnungsabschlüssen oder Erklärungen an die Generalversammlung oder ein Gesellschaftsorgan, bei Anmeldungen zum Handels- oder Aktiengesellschaftsregister oder in Aufforderungen zur Gründung solcher Gesellschaften oder beim Angebot von Anteilen macht,

3. den für Aktiengesellschaften oder andere Gesellschaften mit beschränkter Haftpflicht geltenden Bestimmungen über die Ausstellung von Aktien, Anteils- oder Interimsscheinen, die Verwendung des Überschusses, die Auszahlung der Dividende und Tantieme oder die Zurückzahlung von Einschüssen zuwiderhandelt.

Abs. 2. Werden die in Ziffer 2 und 3 genannten Handlungen aus grober Fahrlässigkeit begangen, so ist die Strafe Geldstrafe oder bei erschwerenden Umständen Haft.

§ 297

Mit Geldstrafe wird bestraft, wer abgesehen von den Fällen des § 296 in Urkunden, Geschäftsbriefen, Rundschreiben oder Bekanntmachungen wider besseres Wissen unrichtige Angaben über die wirtschaftliche Lage einer von ihm geleiteten oder vertretenen Gesellschaft macht.

§ 298

Mit Geldstrafe, Haft oder mit Gefängnis bis zu 6 Monaten wird bestraft, wer, ohne daß ein Fall des § 279 vorliegt,

1. sich oder anderen durch unrichtige Angaben über die Zahlungsfähigkeit ein Darlehn oder einen Kredit mit der Folge verschafft, daß dadurch ein Vermögensverlust entsteht,

2. sich durch Verbrauch vorausbezahlten Entgelts zur Bewirkung der Gegenleistung unfähig macht,

3. sich entfernt, ohne für Unterkunft, Verzehrung, Beförderung oder andere Leistungen zu bezahlen, bei denen erkennbar vorausgesetzt war, daß das Entgelt vor der Entfernung zu entrichten war,

4. sich ohne Entrichtung des festgesetzten Entgelts den Zugang zu einer Vorstellung, Ausstellung oder Versammlung oder zur Beförderung mit öffentlichen Verkehrsmitteln oder zur Benutzung anderer allgemein zugänglicher Einrichtungen erschleicht.

§ 299

Mit Geldstrafe, Haft oder mit Gefängnis bis zu 6 Monaten wird bestraft, wer, ohne daß ein Fall des § 280 vorliegt,

1. in einer Vermögensangelegenheit, deren Wahrnehmung für einen anderen ihm obliegt, diesem durch Außerachtlassung seiner Pflicht einen erheblichen Vermögensverlust zufügt, der nicht vor dem Urteil erster Instanz ersetzt wird,

2. bei der Wahrnehmung der Vermögensangelegenheiten eines anderen von einem Dritten einen Vermögensvorteil für sich oder andere annimmt, fordert oder sich versprechen läßt, dessen Annahme demjenigen verheimlicht werden soll, dessen Angelegenheiten der Empfänger wahrnimmt, sowie wer einen solchen Vorteil gewährt, verspricht oder anbietet.

§ 300

Mit Gefängnis bis zu 1 Jahre, mit Haft oder bei mildernden Umständen mit Geldstrafe wird bestraft,

1. wer zu einem Zeitpunkt, in dem er erkennt oder erkennen muß, daß er zur Befriedigung seiner Gläubiger außerstande ist, seine Vermögenslage durch Eingehung von Schulden erheblich verschlechtert oder erhebliche fällige Schulden bezahlt oder Sicherheit dafür stellt,

2. wer seinen Gläubigern durch verschwenderische Lebensweise, Spiel, gewagte Unternehmungen, die nicht im Verhältnis zu seinem Vermögen stehen, in hohem Maße unordentliche Geschäftsführung oder anderes leichtsinniges Verhalten einen erheblichen Verlust zufügt,

3. der Schuldner und Vertrauensmann, der bei Abgabe der für die Eröffnung der Verhandlung über einen Zwangsvergleich außerhalb des Konkurses erforderlichen Erklärungen unrichtige Auskünfte gibt oder sich grober Nachlässigkeit schuldig macht.

Abs. 2. Eine Verfolgung findet nur unter den Voraussetzungen des § 290 Abs. 1 statt.

§ 301

Mit Geldstrafe oder Haft bis zu 3 Monaten wird bestraft, wer es vorsätzlich oder fahrlässig unterläßt, einer ihm obliegenden Pflicht nachzukommen, sich oder eine Gesellschaft, für deren Leitung er verantwortlich ist, für zahlungsunfähig zu erklären.

§ 302

Mit Geldstrafe oder Haft wird bestraft, wer es unterläßt, Geschäftsbücher zu führen, deren Führung ihm kraft Gesetzes obliegt, oder wer sich bei der Führung solcher Bücher oder bei der gesetzlich vorgeschriebenen Aufbewahrung dieser oder der Belege grober Unordnung schuldig macht.

§ 303

Wer infolge grobfahrlässigen Verhaltens Sachen, die durch ein Bereicherungsdelikt erworben sind, ersteht oder in ähnlicher Weise entgegennimmt, wird mit Geldstrafe oder Haft bestraft. Bei Rückfall sowie wenn der Schuldige schon einmal wegen eines Bereicherungsdelikts verurteilt worden ist, kann auf Gefängnis bis zu 6 Monaten erkannt werden.

§ 304

Mit Geldstrafe oder Haft bis zu 1 Jahre wird bestraft, wer in den Fällen, in denen die Entscheidung über eine Vermögensangelegenheit durch Abstimmung getroffen wird, sich oder anderen unberechtigt die Teilnahme an der Abstimmung oder die Möglichkeit verschafft, mehr Stimmen abzugeben, als ihm zustehen, oder bewirkt, daß das Ergebnis der Abstimmung verändert wird.

Abs. 2. Gleiche Strafe trifft denjenigen, der bei Abstimmungen in einem Konkurs oder einem gerichtlich verwalteten Nachlaß oder während der Verhandlungen über einen Zwangsvergleich außerhalb des Konkurses die Stimmabgabe durch unwahre Angaben beeinflußt oder einen Vermögensvorteil gewährt, verspricht oder anbietet, annimmt, fordert oder sich versprechen läßt, um in einem bestimmten Sinne zu stimmen oder sich der Stimme zu enthalten.

§ 305

* Die im § 291 Abs. 1 und 3, § 298 und § 299 behandelten Straftaten werden nur auf Antrag des Verletzten verfolgt, es sei denn, daß das öffentliche Interesse die Verfolgung gebietet.

*[48]) Abs. 2. Die im § 293 Abs. 2 und § 294 behandelten Straftaten werden im Wege der Privatklage verfolgt.

---

[48]) Abs. 2 entspricht dem bisherigen Satz 2.

FSC
www.fsc.org
MIX
Papier | Fördert gute Waldnutzung
FSC® C083411

Kolibri 360 GmbH
Ferdinand-Jühlke-Straße 7
99095 Erfurt, Deutschland
produktsicherheit@kolibri360.de